农畜产品加工技术

◎王　源　毛玉平　牛天悦　主编

中国农业科学技术出版社

图书在版编目（CIP）数据

农畜产品加工技术 / 王源，毛玉平，牛天悦主编 . 北京 ：中国农业科学技术出版社，2024. 9. -- ISBN 978-7-5116-7098-4

Ⅰ. S37

中国国家版本馆 CIP 数据核字第 20247770PD 号

责任编辑 任玉晶
责任校对 马广洋
责任印制 姜义伟　王思文

出 版 者 中国农业科学技术出版社
北京市中关村南大街 12 号　　邮编：100081
电　　话 （010）82106641（出版中心）（010）82106624（发行部）
（010）82109709（读者服务部）
网　　址 https://castp. caas.cn
经 销 者 各地新华书店
印 刷 者 中煤（北京）印务有限公司
开　　本 185mm × 260mm　1/16
印　　张 13.75
字　　数 315 千字
版　　次 2024 年 9 月第 1 版　　2024 年 9 月第 1 次印刷
定　　价 38.00 元

编　委　会

主　编

王　源　毛玉平　牛天悦

副主编

杨　婕　张萌娥　黎晓磊

参　编

司晓萍　牛骁麟　王　琦

汤春霞　童燕华

前　言

FOREWORD

近年来，随着居民收入水平的不断提高，居民食物消费结构呈现出人均直接消费口粮减少，动物性食品、蔬菜、瓜果等非粮食食物消费增加的变化趋势。《中共中央　国务院关于做好 2023 年全面推进乡村振兴重点工作的意见》提出："树立大食物观，加快构建粮经饲统筹、农林牧渔结合、植物动物微生物并举的多元化食物供给体系，分领域制定实施方案。"《中共中央 国务院关于加快建设全国统一大市场的意见》提出"加快建设全国统一大市场"，要求强化食品药品安全监管。这对农畜产品的加工与质量控制提出了更高的要求，同时也对大学生农畜产品加工技能的培训带来了新的挑战。

为了顺应新时代发展的需要，课程教学改革如火如荼，教材建设也需要与时俱进。为此，编者结合教学要求与生产实际开发编写了以任务为导向的实践性的活页式教材《农畜产品加工技术》。

本书根据高等职业教育高素质技能型人才需求的特点，吸收本学科发展前沿的最新成果，跟踪当代科学技术的最新成就，充分体现教学内容的科学性和先进性，注重实用性、新颖性和超前性的统一，兼顾工厂化生产和小规模经营生产。

与同类教材相比，本书以任务驱动为导向，将传统理论讲解的知识进行序化，从果蔬制品、烘焙食品、肉制品、乳制品、蛋制品等方面将内容划分为 5 个项目，26 个任务，同时提供多种资源进行自主性的操作学习，将思政内容融入其中，并进行全过程评价，能够有效帮助学生在掌握理论知识的基础上深化实践技能。

在本书编写过程中，参考了许多网络来源的内容，同时引用了诸多专家和学者的研究成果及资料，在此表示衷心感谢！由于编者业务水平有限，书中如有疏漏之处，敬请广大读者和专家批评指正，以便我们进一步修订和完善。

编　者

2024 年 6 月

目录
CONTENTS

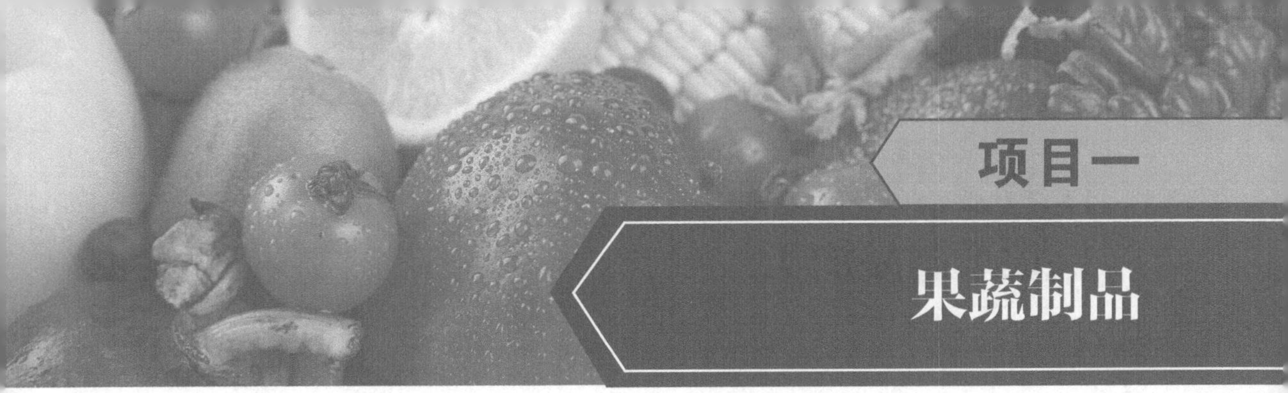

项目一

果蔬制品

项目导读

果蔬制品加工是指通过各种加工工艺处理，使果蔬达到长期保存、经久不坏、随时取用的目的。在加工处理中要最大限度地保存其营养成分，改进食用价值，使加工品的色、香、味俱佳，组织形态更趋完美，进一步提高果蔬制品加工的商品化水平。

本项目要求学生通过学习，掌握果蔬罐制、果蔬酒制、果蔬糖制及蔬菜腌制的综合利用等基本理论、技术要点及在生产中的应用，并通过工艺实例和实验实习教学的方式，对各种工艺方法的应用有一个完整的概念，为综合性生产实习的实施打下良好的基础。

知识目标

了解果蔬制品加工在我国国民经济中的重要作用；了解果蔬中的化学成分及其在加工中的变化；掌握果蔬制品加工的基本原理及加工产品的质量标准；了解果蔬制品加工的最新发展动态；认识到副产品的综合利用与环境保护的关系。

技能目标

掌握果蔬制品加工的关键原理和技术；熟悉果蔬制品加工中罐制品、酒制品、糖制品和腌制品等加工工艺的基本技能；能够解释果蔬制品加工中出现的原料褐变、干制品霉变、糖制品返砂、罐制品胀罐、腌制品酸败、汁制品浑浊、商品异味等现象。

素质目标

具备辩证思维的能力，能够运用哲学思想解释客观现象；具有良好的职业道德意识及爱岗敬业精神；具有实事求是的学风、创新精神和创业能力。

任务一 果蔬罐制品加工

任务导入

果蔬罐藏法是一种将果蔬装入容器中密封，再经高温处理，杀死能引起食品腐败、产生毒素及致病的微生物，同时破坏食品原料的酶活性，维持密封状态，防止微生物再次入侵，并能在室温下长期保存的方法。罐头食品是将食品原料预处理后装入密封容器中，添加或不添加罐液，经排气或抽气、密封、杀菌和冷却等工序制作而成的一类别具风味的产品。

某位同学在网上购买了5箱特价黄桃，到货后他发现黄桃都已经熟透，但是他家里人口比较少，无法在短时间内将黄桃都吃完。他把其中两箱分给亲戚朋友、左邻右舍后，还剩下很多黄桃，为了不让黄桃坏掉，他想将一部分黄桃制作成黄桃罐头。

由于此前他从未接触过这方面的知识，请你帮助他将多余的黄桃制作成黄桃罐头，防止黄桃变质。

任务工单

班级：____________ 姓名：____________ 学号：____________

任务名称	黄桃罐头的加工
任务描述	根据实际情况，填写本任务的内容、目的、流程和方法。 任务内容：____________ 任务目的：____________ 任务流程：____________ 任务方法：____________
获取信息	要完成任务，需要掌握相关的知识。请你搜集资料，回答以下几个问题。 （1）罐藏的概念是如何定义的？ （2）密封的原因是什么？

（续表）

<table>
<tr><th>任务名称</th><th colspan="4">黄桃罐头的加工</th></tr>
<tr><td>获取信息</td><td colspan="4">（3）杀菌常用的方法有哪些？

（4）排气的目的是什么？

（5）在黄桃罐头的制作过程中，需要的糖液是怎么配制的？糖液与原料的比例是多少？</td></tr>
<tr><td>制订计划</td><td colspan="4"></td></tr>
<tr><td rowspan="6">任务实施</td><td colspan="4">按照预先制订的计划，完成本任务，并记录任务实施的过程。</td></tr>
<tr><td>序号</td><td>完成的任务</td><td>遇到的问题</td><td>解决办法</td></tr>
<tr><td></td><td></td><td></td><td></td></tr>
<tr><td></td><td></td><td></td><td></td></tr>
<tr><td></td><td></td><td></td><td></td></tr>
<tr><td></td><td></td><td></td><td></td></tr>
</table>

任务准备

一、知识准备

（一）罐藏的相关概念

罐藏食品之所以能长期贮藏在于借助罐藏条件（排气、密封、杀菌）杀灭罐内能引起败坏、产毒、致病的有害微生物，破坏原料组织中的酶活性，同时应用真空使可能残存的微生物在无氧条件下无法生长活动，并保持密封状态使食品不再受外界微生物的污染来实现的。

食品的腐败主要是由微生物的生长繁殖和食品内所含有酶的活动导致的。而微生物的生长繁殖及酶的活动必须具备一定的环境条件，食品罐藏就是要创造一个不适合微生物生长繁殖的基本条件，从而达到能在室温下长期贮藏的目的。

（二）果蔬罐头的种类

（1）根据罐头原料可分为果品类、蔬菜类等。

（2）根据加工方法可分为糖水类、糖浆类、果浆类、果汁类、什锦类等。

（3）根据罐头容器可分为金属罐、非金属罐（玻璃罐、软包装罐、塑料罐等）。

（三）工艺流程

工艺流程为原料→分级筛选→预处理→空罐准备→填充液配制→装罐→排气→密封→杀菌→冷却→检验→包装→成品。

（四）操作要点

1. 原料的分级筛选及预处理

原料的分级筛选要求原料具备优良的色、香、味、糖酸比例适当、粗纤维少、无异味、大小适当、形状整齐、耐高温等。

原料的预处理主要包括对原料的选择、分级、去皮、切分、破碎、护色等。

（1）果品的去皮、切分、去心（核）。果品的外皮一般口感粗糙、坚硬，虽然有一定的营养成分，但是口感不佳，一般需要去皮处理。

体积较大的果品原料在罐藏、干制、加工果脯、蜜饯时，为了保持适当的形状，需要适当地切分。切分的形状则根据产品的标准和性质而定，使之便于压榨或打浆，提高取汁效率。

核果类加工前需去核，仁果类则需去心。有核的柑橘类制罐头时需去种子。枣、柑橘、梅等加工蜜饯时需划缝，刺孔。

（2）果品的烫漂。果品的烫漂，在生产中也称预煮，即将已切分的或经其他预处理的新鲜原料放入沸水或热蒸汽中进行短时间的处理。

（3）果品的抽空处理。苹果、梨等果品内部组织较松，含空气较多，加工时需进行抽空处理。

（4）果品的护色。果品的护色可分为食盐水护色和酸溶液护色。

①食盐水护色。将去皮或切分后的果品浸于一定浓度的食盐水中，原因是食盐对酶活力有一定的抑制和破坏作用；另外，氧气在盐水中的溶解度比空气中小，故有一定的护色效果。果品加工中常用 1% ～ 2% 的食盐水护色。桃、梨、苹果、枇杷类均可用此法。用此法护色后应注意漂洗净食盐，这点对于果品尤为重要。

②酸溶液护色。酸性溶液可降低果品的 pH 值和多酚氧化酶的活力，而且由于氧气在酸液中的溶解度较小而兼有抗氧化作用，大部分有机酸还是果品的天然成分，所以优点甚多。常用的酸有柠檬酸、苹果酸或抗坏血酸，但后者费用较高，故除一些名贵的果品或速冻品加入外，生产上一般采用柠檬酸，浓度在 0.5% ～ 1%。

2. 空罐准备

罐藏容器使用前必须进行清洗和消毒，以清除在运输和存放过程中附着的灰尘、微生物、油脂等污物，保证容器的卫生，提高杀菌效率。

马口铁罐一般是先用热水冲洗，然后用 100 ℃沸水或蒸汽消毒 30 ～ 60 min，倒置沥干水分备用。罐盖也进行同样的处理，或用 75% 酒精消毒。

玻璃罐应先用清水（或热水）浸泡，然后用带毛刷的洗瓶机刷洗，再用清水或高压水喷洗，倒置沥干水分备用。对于回收、污染严重的容器还要用 2% ～ 3% NaOH 溶液加热浸泡 5 ～ 10 min，或者用洗涤剂或漂白粉清洗。

洗净消毒后的空罐要及时使用，不宜长期搁置，以免生锈或重新污染微生物。

3. 填充液配制

果蔬罐藏时除液态（果汁、菜汁）和黏稠态食品（如番茄酱、果酱等）外，一般都要向罐内加注填充液，称为罐液或汤汁。果品罐头的罐液一般是糖液，蔬菜罐头多为盐水。

加注填充液能填补罐内除果蔬以外所留下的空隙，目的在于增进风味，排除空气，以减少加热杀菌时的膨胀压力，防止封罐后的容器变形，减少氧化对内容物带来的不良影响，同时能起到保持罐头初温、加强热传递、提高杀菌效果的作用。

糖液配制的浓度取决于水果的种类、品种、成熟度、果肉装量及产品质量标准。我国目前生产的糖液果品罐头，一般要求开罐糖度为 14% ～ 18%。

盐液配制所用的食盐应选用精盐，食盐中氯化钠含量应在 98% 以上。配制时常用直接法按要求称取食盐，加水煮沸过滤即可。一般蔬菜罐头所用盐水浓度为 1% ～ 4%。

对于配制好的糖液或盐液，可根据产品规格要求，添加少量的酸或其他配料，以改进产品风味和提高杀菌效果。

4. 装罐

装罐要求是趁热装罐，以减少微生物的再污染，同时可提高罐头中心温度，有利于杀菌。装罐量依产品种类和罐型大小而异。

一般要求每罐的固形物含量为 45% ～ 65%，误差为 ± 3%。在装罐前首先要进行分选，以保证内容物在罐内的一致性，使同一罐内原料的成熟度、大小、色泽、形态基本均匀一致，搭配合理，排列整齐。

装罐时应保留一定的顶隙，即指罐制品内容物表面和罐盖之间所留空隙的距离，一般要求为 4 ～ 8 mm，罐内顶隙的大小直接影响食品的装罐量、卷边的密封、罐头真空度以及产品的腐败变质等。

此外，装罐时还应注意卫生，严格操作，防止杂物混入罐内，保证罐头的质量。由于果蔬原料及成品形态不一，大小、排列方式各异，所以大多采用人工装罐的方式，对于流体或半流体制品，也可采用机械装罐的方式。

5. 排气

排气是指食品装罐后，密封前将罐内顶隙间的、装罐时带入的和原料组织内的空气排除罐外的工艺措施，从而使密封后罐制品顶隙内形成部分真空的过程。

排气的目的在于防止或减轻因加热杀菌时内容物的膨胀而使容器变形，影响罐制品卷边和缝隙的密封性，防止玻璃罐的跳盖；减轻罐内食品色、香、味的不良变化和营养物质的损失；阻止好氧性微生物的生长繁殖；减轻马口铁罐内壁的腐蚀。影响排气效果的因素主要有排气温度和时间、罐内顶隙的大小、原料种类及新鲜度、酸度等。

具体的排气方法有热力排气、真空密封排气和蒸汽喷射排气。

（1）热力排气是利用空气、水蒸气和食品受热膨胀冷却收缩的原理将罐内空气排除，常用方法有热装罐排气和加热排气。热装罐排气就是先将食品加热到一定温度（75℃以上）后立即趁热装罐密封，主要适用于流体、半流体或组织形态不会因加热而改变的原料。加热排气的设备有链带式排气箱和齿盘式排气箱。

（2）真空密封排气是借助于真空封罐机将罐头置于真空封罐机的真空室内，在抽气的同时进行密封的排气方法。此排气方法的效果主要取决于真空封罐机室内的真空度和罐头的密封温度，室内的真空度和罐头的密封温度越高，则所形成的罐头真空度就越高。

（3）蒸汽喷射排气是在罐制品密封前的瞬间，向罐内顶隙部位喷射蒸汽，由蒸汽将顶隙内的空气排除，并立即密封，顶隙内蒸汽冷凝后就形成部分真空。

6. 密封

罐制品之所以能长期保存不坏，除了充分杀灭了能在罐内环境生长的腐败菌和致病菌，主要还是依靠罐藏容器的密封，使罐内食品与罐外环境完全隔绝，不再受到外界空气及微生物污染而引起腐败。

（1）金属罐的密封是指罐身的翻边和罐盖的圆边进行卷封，使罐身和罐盖相互卷合，压紧而形成紧密重叠的卷边的过程，所形成的卷边称为二重卷边。通常采用专门的封口机来完成此过程。

（2）玻璃罐的密封不同于金属罐，其罐身是玻璃，而罐盖是金属，一般为镀锡薄钢板制成。它的密封是通过镀锡薄钢板密封圈紧压在玻璃罐口而形成的，由于罐口边缘与罐盖的形式不同，其密封方法也不同，目前主要有卷封式和旋开式。

（3）蒸煮袋，又称复合塑料薄膜袋，一般采用真空包装机进行热熔密封。它主要是依靠蒸煮袋内层的薄膜在加热时被熔合在一起而达到密封的目的。热熔强度取决于蒸煮袋的材料性能以及热熔时的温度、时间和压力。常用的方法有电加热密封和脉冲密封。

7. 杀菌

罐制品密封后，应立即进行杀菌。常用的杀菌方法有常压杀菌和高压杀菌。

（1）常压杀菌适用于 pH 值在 4.5 以下（酸性或高酸性）的水果类、果汁类和酸渍菜类等罐制品。常用的杀菌温度为 100 ℃或 100 ℃以下，杀菌介质为热水或热蒸汽。

（2）高压杀菌是在完全密封的加压杀菌器中进行的，通过加压升温进行杀菌，适用于 pH 值大于 4.5（低酸性）的大部分蔬菜罐制品。常用的杀菌温度为 115 ～ 121 ℃。高压杀菌依据传热介质不同分为高压蒸汽杀菌和高压水杀菌，一般采用高压蒸汽杀菌。

8. 冷却

杀菌完毕后，应迅速冷却，如冷却不及时，就会造成内容物色泽、风味的劣变，组织软烂，甚至失去食用价值。冷却分为常压冷却和反压冷却。

（1）常压冷却。常压杀菌的铁罐制品，杀菌结束后可直接将罐制品取出放入冷却水池中进行常压冷却；玻璃罐制品则采用三段式冷却，每段水温相差 20 ℃。

（2）反压冷却。高压杀菌的罐制品须采用反压冷却，即向杀菌锅内注入高压冷水或高压空气，以水或空气的压力代替热蒸汽的压力，既能逐渐降低杀菌锅内的温度，又能使其内部的压力保持均衡的消降。

一般罐头冷却至 38 ～ 43 ℃即可，用干净的毛巾擦干罐体表面的水分，以免罐外生锈。

9. 检验

罐制品的检验是保证产品质量的最后工序，主要是对罐头的内容物和外观进行检查。一般包括保温检验、感官检验、理化检验和微生物检验等。

二、材料准备

（一）查阅加工黄桃罐头的工艺流程资料

加工黄桃罐头的工艺流程主要包括原料清洗常用洗涤剂、清洗方法、原料的预处理中去皮的方法、热烫的操作参数、操作方法、空罐的选择及杀菌等。

（二）查阅黄桃罐头工厂制作及个人制作的资料

制作黄桃罐头主要操作要点，不同操作方法的选择。

（三）查阅黄桃罐头加工中的质量问题及措施

加工黄桃罐头中的质量问题主要包括胀罐、罐藏容器的腐蚀、罐头食品变色与变味、罐内汁液浑浊与变色等问题。

三、人员准备

任务角色	任务内容
组长：	任务：
组员 1：	任务：
组员 2：	任务：
组员 3：	任务：
组员 4：	任务：

任务实施

一、实施内容

明确要调查的项目，确定要运用的黄桃罐头的加工工艺，明确操作过程中的各项参数、需要使用的设备、出现质量问题的应对措施等。

二、实施方法

认真思考如何才能获取更有价值的信息，通过哪些渠道获取信息资料，并对这些资料进行加工整理，形成可供该同学选择的方案。

三、实施流程

第一步：深入了解果蔬罐藏的原理。
第二步：调查大型工厂的加工工艺。
第三步：调查适合家庭制作的加工工艺。
第四步：为该同学提供相关建议并为他演示制作方法。

任务检测

在线测试

任务评价

工作任务完成过程评价表

班级：__________ 组别：__________ 姓名：__________

项目	评分标准	自我评价	小组评价	教师评价
理论知识	（1）了解罐装容器的选择和处理方法			
	（2）掌握影响罐装食品杀菌和排气的影响因素			
	（3）掌握罐装食品常见质量问题的解决措施			
实操技能	（1）能够独立加工常见果蔬罐头并解决加工过程中的常见质量问题			

（续表）

项目	评分标准	自我评价	小组评价	教师评价
实操技能	（2）能够有效利用网络、图书资源查找有用的相关信息，能将查到的信息有效地运用到学习中			
	（3）积极主动与教师、同学交流，相互尊重、理解。与教师、同学间能保持多向、丰富的信息交流			
	（4）能处理好合作学习和独立思考的关系，做到有效学习。能提出有意义的问题或能发表个人见解			
思政素养	（1）能从全局上筹划相关事项或行动的具体安排			
	（2）能够细致认真地分析资料			
合计				
自我评价与总结				
教师点评				

课程思政专栏

辽宁省检出 2 批次不合格食品

辽宁省市场监督管理局发布关于食品安全监督抽检信息的通告，本次公布的监督抽检食品及食用农产品共计 545 批次，合格 535 批次，不合格 10 批次。

其中，2 批次罐头检出甜味剂超标：抚顺开发区星群鲜果超市销售的葫芦岛市东奥食品有限公司生产的 1 批次黄桃罐头（清水型），甜蜜素（以环己基氨基磺酸计）超标；盖州市雪牌食品饮料公司销售的盖州市雪牌食品饮料厂生产的 1 批次赤山泉糖水黄桃小罐头，阿斯巴甜超标。（来源：辽宁食品网）

【启示】责任意识。在理论和实践教学中，在培养学生扎实理论知识基础和专业技能的同时，不断强化学生的安全责任意识教育，从原料选择和预处理着手，加强学生的原料标准化意识，包括果蔬收获、运输和贮藏过程的标准化处理，保证果蔬的品质、卫生和安全，到果蔬加工过程中操作标准化的意识和技能的提升。作为食品专业的学生，只有通过努力学习强化自身的专业技能，并具备食品安全的责任意识，自觉维护和保障食品安全，才能为食品安全建设添砖加瓦，为社会、食品行业和企业的发展贡献自己的力量。

任务二 果酒制品加工

任务导入

果酒是一种以水果或果汁（浆）为主要原料，通过发酵过程产生酒精的饮品。它结合了水果的自然风味和酒精的特点，通常酒精度较低。果酒的品类繁多，包括葡萄酒、苹果酒、李子酒、杨梅酒、山楂酒、柑橘酒、蓝莓酒、荔枝酒和菠萝酒等。这些酒的颜色、口感和风味各异，但都源自自然界的丰富果实。

“爆竹声中一岁除，春风送暖入屠苏。”时值春节，某位同学读到了这句诗，想在这个团圆的日子里为家人准备一份特殊的礼物。果酒不仅味道使人愉悦，而且富含多种营养成分，对人体健康十分有益。它们具有抗氧化、防衰老、保护心脏等作用，有助于调节情绪、保持身材和促进健康。因此，他想制作一款果酒，以便在除夕时和家人一起享用。

请你帮助他了解果酒的制作方法并协助他制作完成，让他可以给家人一份特别的礼物。

任务工单

班级：____________　姓名：____________　学号：____________

任务名称	葡萄酒的加工
任务描述	根据实际情况，填写本任务的内容、目的、流程和方法。 任务内容：__________ 任务目的：__________ 任务流程：__________ 任务方法：__________
获取信息	要完成任务，需要掌握相关的知识。请你搜集资料，回答以下几个问题。 （1）水果发酵的原理是什么？

（续表）

<table>
<tr><th>任务名称</th><th colspan="4">葡萄酒的加工</th></tr>
<tr><td>获取信息</td><td colspan="4">（2）说出酵母菌的细胞呼吸方式有哪些？

（3）制作葡萄酒对原料有什么要求？

（4）原料在加工过程中的注意事项有哪些？</td></tr>
<tr><td>制订计划</td><td colspan="4"></td></tr>
<tr><td rowspan="6">任务实施</td><td colspan="4">按照预先制订的计划，完成本任务，并记录任务实施的过程。</td></tr>
<tr><td>序号</td><td>完成的任务</td><td>遇到的问题</td><td>解决办法</td></tr>
<tr><td></td><td></td><td></td><td></td></tr>
<tr><td></td><td></td><td></td><td></td></tr>
<tr><td></td><td></td><td></td><td></td></tr>
<tr><td></td><td></td><td></td><td></td></tr>
</table>

任务准备

一、知识准备

（一）果酒制作的相关概念

简单来说，果酒就是汲取了水果中的全部营养而酿制成的酒，含有丰富的维生素和人体所需的氨基酸。有时候即使生吃水果也不能被人体吸收的营养，通过果酒却可以被人体吸收，因为营养成分已经完全溶解在果酒里了。果酒里含有大量的多酚，可以起到抑制脂肪在人体中堆积的作用，使人体不容易积累脂肪和赘肉。此外，与其他酒类相比，果酒对于护理心脏、调节女性情绪的作用更明显一些。

（二）果酒制品种类

果酒制品的种类一般有 4 种。

（1）发酵果酒。使用果汁或果浆经过酒精发酵酿造而成的酒。这类果酒包括葡萄酒、苹果酒等，可以根据发酵的程度进一步细分为全发酵果酒和半发酵果酒。全发酵果酒的糖分完全转化为酒精，而半发酵果酒的糖分部分转化为酒精，残糖量低于 1%。

（2）蒸馏果酒。将果品经过酒精发酵后，通过蒸馏工艺提取出酒精的部分。这种酒包括白兰地、水果白酒等。

（3）配制果酒。利用鲜花、果实或果皮作为酒基，通过浸泡或直接加入果汁，并添加食品添加剂，如糖、香精、色素等，然后调配制成的酒。

（4）气泡果酒。包含二氧化碳的果酒，如小香槟、汽酒等。

（三）酵母菌的发酵作用

发酵指的是利用微生物在有氧或无氧的条件下的生命活动来制作微生物菌体及各种不同代谢产物的过程。根据氧气需求情况和发酵生成的产物可分为需氧发酵、厌氧发酵、酒精发酵、乳酸发酵。

制作葡萄酒的酵母菌来源于附着在葡萄皮上的野生酵母菌。杂菌不会引起发酵液的污染，因为葡萄在榨汁前要清洗，同时在缺氧、酸性的发酵液中，绝大多数微生物无法适应环境而被抑制。

酵母菌是兼性厌氧微生物，有氧时进行有氧呼吸，反应式为：

$$C_6H_{12}O_6+6O_2+6H_2O \rightarrow 6CO_2+12H_2O+\text{能量}$$

在厌氧条件下，将双糖或单糖进行糖酵解，并进行酒精发酵，产生酒精，反应式为：

$$C_6H_{12}O_6 \rightarrow 2C_2H_5OH+2CO_2+\text{能量}$$

（四）工艺流程

工艺流程为原料选择→破碎、除梗→分离取汁→澄清→发酵→倒桶→贮酒→过滤→冷处理→调配→过滤→成品。

（五）操作要点

1. 发酵前的处理

发酵前的处理包括水果的选别、破碎、压榨，果汁的澄清，果汁的改良等。破碎要求每粒果实破裂，但不能将种子和果梗破碎，否则种子内的油脂、糖苷类物质及果梗内的一些物质会增加酒的苦味。破碎后的果浆需立即将果浆与果梗分离，防止果梗中的青草味和苦涩物质溶出。破碎机有双辊破碎机、鼓形刮板式破碎机、离心式破碎机、锤片式破碎机等。

2. 渣汁的分离

破碎后不加压自行流出的果汁叫作自流汁，加压后流出的汁液叫作压榨汁。自流汁质量好，宜单独发酵制取优质酒。压榨汁分两次进行，第一次逐渐加压，尽可能压出果肉中的汁，质量稍差，应分别酿造，也可与自流汁合并。将残渣疏松，加水或不加，做第二次压榨，压榨汁杂味重，质量低，宜用作蒸馏酒或其他用途。设备一般为连续螺旋压榨机。

3. 果汁的澄清

压榨汁中的一些不溶性物质在发酵中会产生不良效果，给酒带来杂味。用澄清汁制作的果酒胶体稳定性高，对氧的作用不敏感，酒色淡，铁含量低，芳香稳定，酒质爽口。

4. 二氧化硫处理

二氧化硫在果酒中有杀菌，澄清，抗氧化，增酸，使色素和单宁物质溶出、还原，使酒的风味变好等作用。二氧化硫有气体和亚硫酸盐两种形态，前者可用管道直接通入，后者则需溶于水后加入。发酵基质中二氧化硫浓度为 60 ～ 100 mg/L。此外，尚需考虑下述因素：原料含糖量高时，二氧化硫结合机会增加，用量略增；原料含酸量高时，活性二氧化硫含量高，用量略减；温度高时，易被结合且易挥发，用量略减；微生物含量和活性越高、越杂时，用量越高；霉变严重时，用量增加。

5. 果汁的调整

（1）糖的调整。酿造酒精含量为 10% ～ 12% 的酒时，果汁的糖度需 17 ～ 20 °Bx。如果糖度达不到要求，则需加糖，实际加工中常用蔗糖。

（2）酸的调整。酸可抑制细菌繁殖，使发酵顺利进行；使红葡萄酒颜色鲜明；使酒味清爽，并具有柔软感；与醇生成酯，增加酒的芳香；增加酒的贮藏性和稳定性。干酒酸度宜在 0.6% ～ 0.8%，甜酒酸度宜在 0.8% ～ 1.0%。一般 pH 值大于 3.6 或可滴定酸低于 0.65% 时，应该对果汁加酸。

6. 酒精发酵

（1）酒母的制备。酒母即扩大培养后加入发酵的酵母菌，生产上需经三次扩大后才可加入，分别称为一级培养（试管或三角瓶培养）、二级培养、三级培养，最后用酒母桶培养。

①一级培养。于生产前 10 d 左右，选取成熟无变质的水果，压榨取汁。装入洁净、干热灭菌过的试管或三角瓶内。试管内装入量为 1/4，三角瓶内则为 1/2。之后在常压下沸水杀菌 1 h 或 58 kPa 下杀菌 30 min。冷却后接入培养菌种，摇动果汁使之分散。进行培养，发酵旺盛时即可供下级培养。

②二级培养。在洁净、干热灭菌的三角瓶内装 1/2 果汁，接入上述培养液，进行培养。

③三级培养。选取洁净、消毒后的 10 L 左右的大玻璃瓶，装入发酵栓后，加果汁至容积的 70% 左右。加热杀菌或用亚硫酸杀菌，后者每升果汁应含二氧化硫 150 mg/L，但需放置 1 d。瓶口用 70% 酒精进行消毒，接入二级菌种，用量为 2%，在保温箱内培养，繁殖旺盛后，供扩大用。

④酒母桶培养。将酒母桶用二氧化硫消毒后，装入 12 ～ 14°Bx 的果汁，在 28 ～ 30℃下培养 1 ～ 2 d 即可作为生产酒母。培养后的酒母可直接加入到发酵液中，用量为 2% ～ 10%。

（2）发酵设备。发酵设备要求能控温，易于洗涤、排污，通风换气良好等。使用前应进行清洗，用二氧化硫或甲醛熏蒸消毒处理。发酵容器也可制成发酵贮酒两用，要求不渗漏，能密闭，不与酒液起化学作用。有发酵桶、发酵池，也有专门的发酵设备，如旋转发酵罐、自动连续循环发酵罐等。

①果汁发酵。发酵分主（前）发酵和后发酵。主发酵时，将果汁倒入容器内，装入量为容器容积的 4/5，然后加入 3% ～ 5% 的酵母，搅拌均匀，温度控制在 20 ～ 28 ℃，发酵时间随酵母的活性和发酵温度而变化，一般为 3 ～ 12 d。残糖降为 0.4% 以下时，主发酵结束。然后应进行后发酵，即将酒容器密闭并移至酒窖，在 12 ～ 28 ℃下放置 1 个月左右。

②成品调配。果酒的调配主要有勾兑和调整。勾兑即原酒的选择与适当比例的混合；调整即根据产品质量标准对勾兑酒的某些成分进行调整。勾兑，一般先选一种质量接近标准的原酒作基础原酒，据其缺点选一种或几种另外的酒作勾兑酒，加入一定的比例后进行感官和化学分析，从而确定比例。调整，主要有酒精含量、糖、酸等指标。酒精含量的调整最好用同品种酒精含量高的酒进行调配，也可加蒸馏酒或酒精；甜酒若含糖量不足，用同品种的浓缩汁效果最好，也可用砂糖，视产品的质量而定；酸分不足可用柠檬酸。

7. 过滤、杀菌、装瓶

过滤有硅藻土过滤、薄纸板过滤、微孔薄膜过滤等。果酒常用玻璃瓶包装。装瓶时，空瓶用 2% ～ 4% 的碱液在 50℃以上的温度浸泡后，清洗干净，沥干水后杀菌。果酒可先经巴氏杀菌再进行热装瓶或冷装瓶，酒精浓度低的果酒，装瓶后还应进行杀菌。

二、材料准备

（一）查阅葡萄酒加工的工艺流程资料

葡萄酒加工的工艺流程主要包括：原料预处理过程、发酵温度及发酵时间的确定等。

（二）查阅葡萄酒工厂制作及个人制作的资料

葡萄酒制作主要包括操作要点中不同操作方法的选择。

（三）查阅葡萄酒加工中常见的质量问题及措施

葡萄酒加工中常见的质量问题主要包括生膜、变味（酸味、霉味、苦味等）、成品变色、浑浊等。

三、人员准备

任务角色	任务内容
组长：	任务：
组员 1：	任务：

（续表）

任务角色	任务内容
组员 2：	任务：
组员 3：	任务：
组员 4：	任务：

任务实施

一、实施内容

明确要调查的项目，确定要运用的葡萄酒的加工工艺，明确操作过程中的各项参数、需要使用的设备、出现质量问题时的应对措施等。

二、实施方法

认真思考如何才能获取更有价值的信息，通过哪些渠道获取信息资料，并对这些资料进行加工整理，形成可供该同学选择的方案。

三、实施流程

第一步：深入了解果蔬发酵的原理。
第二步：调查大型工厂的加工工艺。
第三步：调查适合家庭制作的加工工艺。
第四步：为该同学提供相关建议并为他演示制作方法。

任务检测

在线测试

任务评价

工作任务完成过程评价表

班级：__________ 组别：__________ 姓名：__________

项目	评分标准	自我评价	小组评价	教师评价
理论知识	（1）了解果酒制作所需的菌种			
	（2）掌握果酒制作的原理			
	（3）掌握果酒制品常见质量问题的解决措施			
实操技能	（1）能够独立加工常见果酒制品并解决加工过程中的常见质量问题			
	（2）能够有效利用网络、图书资源查找有用的相关信息，能将查到的信息有效地运用到学习中			
	（3）积极主动与教师、同学交流，相互尊重、理解。与教师、同学间能保持多向、丰富的信息交流			
	（4）能处理好合作学习和独立思考的关系，做到有效学习。能提出有意义的问题或能发表个人见解			
思政素养	（1）能从全局上筹划相关事项或行动的具体安排			
	（2）能够细致认真地分析资料			
合计				
自我评价与总结				
教师点评				

课程思政专栏

追溯中国果酒酿造史

水果不仅含有丰富的营养，而且能够促进消化。琳琅满目的水果，不仅味道甜美而且色彩缤纷，能让人尽情享受着味觉与视觉的盛宴。

将水果酿造成酒，别有一番风味。

果酒在人类酿酒史中最为悠久，在史籍中就记录着“猿猴酿酒”的传说。当成熟的野果自然坠落之后，受到空气中酵母菌的作用而生成酒，猿猴居住在深山老林中，遇到了成熟后坠落发酵而带有酒味的果子，从而有了猿猴“采果酿酒”。

传说秦始皇吞并六国后为求长生不老，派方士徐福出海寻找长生不老的仙药。徐福便周游各地寻找可以一起出海的身体强壮的童男童女，当他途经旧齐国之地饶安邑（今盐山千童镇），见这里的人个个身强力壮，不生百病，便心存困惑。当时因连年战乱，人们长期居无定所，大多数人都体质虚弱，那为何这里的人体质会这么好，于是徐福便观察这里的人，发现齐人多饮果酒。徐福便在此征集三千童男、童女，命人建造酒坊，酿制果酒，以御寒驱潮。后来果酒的酿造技术传到了日本。

唐朝的繁华提高了人们对生活水平的要求，果酒的发展更是以飞跃的速度一路向前，各种果酒的发展呈现出欣欣向荣之态。

果酒清亮透明、酸甜适口、醇厚纯净而无异味，具有原果实特有的芳香，与白酒、啤酒等其他酒类相比，果酒的营养价值更高。果酒里含有大量的多酚，可以起到抑制脂肪在人体中堆积的作用，它含有人体所需的多种氨基酸和维生素 B_1、维生素 B_2、维生素 C 及铁、钾、镁、锌等多种矿物元素，是人类的美味佳品。果酒不断优化的口感层次、不断增加的酒类品种，既代表了中国人的聪明智慧又体现了中国人与时俱进的精神。（来源：鸿福农业微信公众号）

○【启示】中国是有着悠久历史和深厚文化底蕴的国家。充分利用丰富的传统文化资源，加强培养大学生民族精神，是当下增强思想政治教育实效性的重要途径和举措。我国是世界上最大的果蔬生产国和果蔬制品加工基地，果蔬加工方法及其制品历史悠久，保留了各地域各民族的特色和传统文化。

任务三 果蔬糖制品加工

任务导入

果蔬糖制在我国具有悠久的历史，最早的糖制品是利用蜂蜜糖渍饯制而成，并冠以“蜜”字，称为蜜饯。蔗糖（白砂糖）和饴糖等食糖的开发和应用，促进了糖制品加工业的迅速发展，逐步形成格调、风味、色泽独具特色的传统蜜饯，其中北京、苏州、广州、潮州、福州、内江等地的制品尤为著名，如苹果脯、蜜枣、糖梅、山楂脯、糖姜片、冬瓜条以及各种凉果和果酱等，这些产品在国内外市场上享有盛誉。

某位同学非常喜欢吃青苹果，同时他又很喜欢吃糖，可是青苹果大都是酸甜口味，因此他想用青苹果和糖制作一种食品。

请你帮助他设计苹果果酱的制作流程并协助他制作完成，让他可以吃到自己喜欢的食品。

任务工单

班级：__________ 姓名：__________ 学号：__________

任务名称	苹果果酱的加工
任务描述	根据实际情况，填写本任务的内容、目的、流程和方法。 任务内容：__________ __________ 任务目的：__________ __________ 任务流程：__________ __________ 任务方法：__________ __________
获取信息	要完成任务，需要掌握相关的知识。请你搜集资料，回答以下几个问题。 （1）糖制的原理是什么？ （2）制作苹果酱对原料有什么要求？

（续表）

<table>
<tr><th>任务名称</th><th colspan="4">苹果果酱的加工</th></tr>
<tr><td>获取信息</td><td colspan="4">（3）原料在加工过程中的注意事项有哪些？

（4）制作苹果酱的辅料都有哪些可供选择？</td></tr>
<tr><td>制订计划</td><td colspan="4"></td></tr>
<tr><td rowspan="6">任务实施</td><td colspan="4">按照预先制订的计划，完成本任务，并记录任务实施的过程。</td></tr>
<tr><td>序号</td><td>完成的任务</td><td>遇到的问题</td><td>解决办法</td></tr>
<tr><td></td><td></td><td></td><td></td></tr>
<tr><td></td><td></td><td></td><td></td></tr>
<tr><td></td><td></td><td></td><td></td></tr>
<tr><td></td><td></td><td></td><td></td></tr>
</table>

任务准备

一、知识准备

（一）糖制的相关概念

糖制品是一种以食糖的贮藏作用为基础的加工贮藏法，食糖的贮藏作用在于其强大的渗透压。高浓度的糖液通过渗透和扩散作用，渗入到果蔬组织内部，从而降低水分活度，有效抑制微生物的生长繁殖，防止腐败变质。一般糖制品的最终糖浓度都在65%以上，而中、低浓度的糖制品，则需利用糖、盐的渗透压或辅料产生抑制微生物的作用，从而使制品得以贮藏。

（二）果蔬糖制品的种类

果蔬糖制品按其加工方法和状态可分为两大类，即果脯蜜饯类和果酱类。果脯蜜饯类属于高糖食品，保持了果实或果块的原形，含糖量大多在50%～70%；果酱类属于高糖高酸食品，不保持原来的形状，含糖量多在40%～65%，含酸量约在1%以上。

1. 果脯蜜饯类

（1）干态果脯。在糖制后进行晾干或烘干而制成表面干燥不粘手的制品，也有的在其外表裹上一层透明的糖衣或形成结晶糖粉，如各种果脯、某些凉果、瓜条及藕片等。

（2）湿态蜜饯。在糖制后，不进行烘干，而是稍加沥干，制品表面发黏，如某些凉果等，也有的在糖制后，直接保存于糖液中制成罐头，如各种带汁蜜饯或糖浆水果罐头等。

2. 果酱类

果酱类主要有果酱、果泥、果冻、果糕及果丹皮等。

（1）果酱。果酱呈黏稠状，也可以带有果肉碎块，如杏酱、草莓酱等。

（2）果泥。果泥呈糊状，果实须在加热软化后打浆过滤，其酱体细腻，如苹果泥、山楂泥等。

（3）果冻。果冻是将果汁和食糖加热浓缩而制成的透明凝胶制品。

（4）果糕。果糕是将果泥加食糖和增稠剂后加热浓缩而制成的凝胶制品。

（5）果丹皮。将果泥加食糖浓缩后，刮片烘干制成的柔软薄片即为果丹皮。山楂片是将富含酸分及果胶的一类果实制成果泥，刮片烘干后制成的干燥的果片。

（三）食糖的贮藏作用

1. 高渗透压作用

糖溶液有一定的渗透压，通常 1% 的蔗糖溶液可产生 70.9 kPa 的渗透压。若糖溶液的浓度在 65% 以上时，产生的渗透压远大于微生物的渗透压，从而能抑制微生物的生长，使制品能长期保存。

2. 降低水分活度

微生物吸收营养要在一定的水分活度条件下，糖浓度越高，水分活度就越小，微生物就不易获得所需的水分和营养。新鲜水果的水分活度大于 0.99，而糖制品的水分活度为 0.75 ～ 0.80，故有较强的贮藏作用。

3. 抗氧化作用

糖溶液中的含氧量较低，在 20 ℃时，60% 蔗糖溶液溶解氧的能力仅为纯水的 1/6，因此，高糖制品可减少氧化程度。

（四）果胶及其凝胶的作用

果胶是多半乳糖醛酸的长链，其中部分羟基为甲醇所酯化，具有凝胶特性。通常甲氧基含量在 7% 以上的果胶称为高甲氧基果胶，而甲氧基含量低于 7% 的果胶称为低甲氧基果胶。

高甲氧基果胶的凝胶多为果胶、糖、酸凝胶，常应用于生产果酱、果冻等。但凝胶形成的基本条件是必须含有一定比例的糖、酸及果胶。一般认为形成良好果胶凝胶所需的果胶、糖、酸三者的最佳条件是：糖 65% ～ 70%，pH 值 2.8 ～ 3.3，果胶 0.6% ～ 1.0%。

（五）工艺流程

工艺流程为：

原料选择→软化打浆→配料→加糖浓缩→灌装→杀菌→果酱、果泥；

原料选择→加热软化→打浆、取汁→加糖浓缩→冷却成型→果冻。

（六）操作要点

1. 原料选择

根据产品的特性，正确地选择适宜的加工原料，是保证产品质量的基本条件。一般选择组织致密、硬度较高的果蔬为原料，以防止糖制过程中的煮烂变形。

2. 预处理

按照产品对原料的要求进行选择、分级处理。分级多为大小分级，目的是达到产品大小相同、质量一致和便于加工的要求。分级标准可根据原料实际情况、产品特点而定，并进行洗涤、去皮、切分、去心和划缝等处理。

划缝可增加成品外观纹路，使产品美观，更重要的是加速糖制过程中的渗糖。划缝有手工划缝和划纹机划缝两种，划缝要纹路均匀，深浅一致。

3. 硬化（保脆）

在糖煮前进行硬化处理，可以提高原料的硬度，增强其耐煮性。通常将原料投入一定浓度的石灰、明矾、氯化钙或氢氧化钙等水溶液中，进行短时间的浸渍，达到硬化的目的。硬化剂的选择、用量和处理时间必须适当，若用量过大会生成过多的果胶酸钙盐，或引起纤维素钙化，而使产品粗糙，品质下降。一般明矾溶液为 0.4% ～ 2.0%，亚硫酸氢钙溶液为 0.5%，石灰溶液为 0.15%。可用 pH 试纸检查是否浸泡合格，并用清水彻底漂洗。

4. 护色

果脯原料大多数需要护色处理，主要是抑制氧化变色，使制品色泽鲜明。其方法主要有熏硫和浸硫。熏硫在熏硫室或熏硫箱中进行。熏硫室或熏硫箱既能严格密封，又可方便开启。熏硫时，将分级、切分的原料装盘送入熏硫室，分层码放。一般 1 t 原料用硫黄 2 kg，或 1 m^3 容积用 200 g。熏制时间因品种而异，梨 16 ～ 18 h，苹果、桃 16 ～ 20 h，杏 8 ～ 10 h，樱桃 14 ～ 16 h，李子 12 ～ 14 h，青橄榄 16 ～ 24 h。浸硫时先配制好含 0.1% ～ 0.2% 二氧化硫的亚硫酸或亚硫酸氢钠溶液，将原料置入溶液中浸泡 10 ～ 30 min，取出立即在流水中冲洗。

5. 着色

果蔬在糖制过程中易使所含色素遭到破坏，失去原有的色泽。为恢复原颜色，可进行着色。所用色素有天然色素和人工合成色素。目前，可供糖制品着色的天然食用色素有红紫色的苏木色素、玫瑰茄色素，黄色的姜黄色素、栀子色素，绿色的叶绿素铜钠盐（可用微量）。人工合成色素有柠檬黄、胭脂红、苋莱红和靛蓝等。

着色时，把果蔬原料用 1% ～ 2% 明矾溶液浸泡，然后糖渍，或把色素液调成糖渍液进行染色，或在最后制成糖制品时以淡色溶液在制品上着色。着色务求淡雅、鲜明、协调，切忌过度。

6. 糖制

糖制有煮制和蜜制两种。

（1）煮制。一般耐煮的原料采用煮制可迅速完成加工过程，但色、香、味较差，并有维生素 C 的损失。煮制在生产实践中有以下几种方法。

①一次煮制法。对于组织疏松易于渗糖的原料，将处理后的原料与糖液一起加热煮制，从最初糖液浓度 40% 一直加热蒸发浓缩至结砂为止，这样一次性完成糖煮过程的方法称为“一次糖煮法”。

②多次煮制法。对于组织致密难以渗糖，或易煮烂的含水量高的原料，将处理过的原料经过多次糖煮和浸渍，逐步提高糖浓度的糖煮方法称为“多次煮制法”。一般每次糖煮时间短，浸渍时间长。

③变温煮制法。利用温差悬殊的环境，使组织受到冷热交替的变化。组织内部的水蒸气分压，有增大和减小的变化，由压力差的变化，迫使糖液透入组织，加快组织内外糖液的平衡，缩短煮制时间，称为“变温糖煮法”。

④减压煮制法。在减压条件下糖煮，组织内的蒸汽分压随真空度的变化而变化，促使组织内外糖液浓度加速平衡，缩短糖煮时间，品质稳定，制品色泽浅淡鲜明、风味纯正。减压煮制法需要在真空设备中进行，先将处理后的原料投入 25% 的糖液中，在真空度为 83.5 kPa，60 ℃下热处理 4 ～ 6 min，消压、浸渍一段时间后，然后提高糖液浓度至 40%，再重复加热到 60 ℃时，开始抽真空减压，使糖液沸腾，同时进行搅拌，沸腾约 5 min 后改变真空度，可使糖液加速渗透，每次提高糖浓度 10% ～ 15%，重复 3 ～ 4 次，最后使产品糖液浓度达到 60% ～ 65% 时，解除真空，完成糖煮过程，全部时间需 1 d 左右。

⑤扩散煮制法。它是在减压煮制的基础上发展的一种连续化煮制方法，其机械化程度高，糖制效果好。先将原料密闭在真空扩散器内，抽真空排除原料组织中的空气，然后加入 95 ℃的热糖液，待糖分子扩散渗透后，将糖液迅速转入另一扩散器内，再向原来扩散器内加入较高浓度的糖液，如此连续几次，并不断提高不同扩散器内的糖浓度，最后使产品的糖浓度达到规定的要求，完成渗糖过程。

（2）蜜制。蜜制是蜜饯加工的传统糖制方法，适用于肉质疏松、不耐煮制的原料。其特点是分次加糖，不加热。由于糖有一定的稠度，在常温下渗透速度慢，产品加工需要较长时间，但制品能保持原有的色、香、味和完整的外形及质地，营养损失小。其方法就是把经处理的原料逐次增加干砂糖进行腌渍。先用原料质量 30% 的干砂糖与原料翻拌均匀，经 12 ～ 14 h 后，再补原料质量 20% 的干砂糖翻拌均匀。再放置 24 h，之后补加 10% 的干砂糖腌渍。由于采用干砂糖腌渍，原料组织中水分大量渗出，使原料体积收缩到原来的 1/2 左右，透糖速度降低。糖制时间 1 周左右，将原料捞出，沥干表面糖液或洗去表面糖液，即成制品。

7. 烘晒和上糖衣

（1）烘晒。干态果脯和返砂蜜饯制品，要求保持完整和饱满的状态，不皱缩、不结晶，质地紧密而不粗糙，水分一般不超 18% ～ 20%，因此要进行干燥处理，即烘干或晾晒。

①烘干多用于果脯和返砂蜜饯，烘干在烘房中进行，人工控制温度，升温速度快，排湿通风性好，卫生清洁，原料受热均匀。烘烤中要注意通风排湿和产品调盘，烘烤时间在 12 ～ 24 h。烘烤至手感不黏、不干硬为宜。

②晾晒多用于甘草、凉果类制品。晾晒在晒场进行，设有专门的晾架，晒至产品表面干燥或萎蔫皱缩为止。产品受自然条件影响大，卫生条件较差。

（2）上糖衣。糖衣蜜饯需在干燥后上糖衣，即用配制好的过饱和糖液处理干态蜜饯，干燥后使其表面形成一层透明状糖质薄膜。糖衣不仅外观好，并且贮藏性强，可以减少蜜饯在贮藏期中吸湿和返砂的现象。

8. 整形、包装

（1）整形。由于原料进行一系列处理后，会使果脯和干态蜜饯出现收缩、破碎、折断等情况，所以在包装前要进行整形、回软。整形是按原有产品的形状、食用习惯和产品特点进行的。

（2）包装。包装的目的是防潮防霉，一般先用塑料薄膜包装后，再用其他包装。可用大包装或小包装，以利于贮藏、运输、销售为原则，带汁蜜饯以罐头包装为宜。挑选后装罐，加入糖液，封罐，在 90 ℃下杀菌 20 ～ 40 min，取出冷却后即为成品。

二、材料准备

（一）查阅苹果果酱加工的工艺流程资料

苹果果酱加工的工艺主要包括原料预处理过程、预煮时间及温度、打浆筛板孔径、浓缩终点的判断、空瓶的清洗及消毒灌装、杀菌参数等。

（二）查阅苹果果酱工厂制作及个人制作的资料

苹果果酱制作主要包括操作要点中不同操作方法的选择。

（三）查阅苹果果酱加工过程中常见的质量问题及措施

苹果果酱加工过程中常见的质量问题主要包括返砂和流糖、煮烂与干缩、成品变色、发酵和霉烂等。

三、人员准备

人员分组，每组 5 人。明确职责分工。

人员分工表

任务角色	任务内容
组长：	任务：
组员 1：	任务：
组员 2：	任务：
组员 3：	任务：
组员 4：	任务：

任务实施

一、实施内容

明确要调查的项目，确定要运用的苹果果酱的加工工艺，明确操作过程中的各项参数、需要使用的设备、出现质量问题的应对措施等。

二、实施方法

认真思考如何才能获取更有价值的信息，通过哪些渠道获取信息资料，并对这些资料进行加工整理，形成可供该同学选择的方案。

三、实施流程

第一步：深入了解果蔬糖制的原理。
第二步：调查大型工厂的加工工艺。
第三步：调查适合家庭制作的加工工艺。
第四步：为该同学提供相关建议并为他演示制作方法。

任务检测

在线测试

任务评价

工作任务完成过程评价表

班级：＿＿＿＿＿＿＿＿　组别：＿＿＿＿＿＿＿＿　姓名：＿＿＿＿＿＿＿＿

项目	评分标准	自我评价	小组评价	教师评价
理论知识	（1）了解果蔬糖制的原理			
	（2）了解果胶及其凝胶的作用			
	（3）掌握果蔬糖制食品常见质量问题的解决措施			
实操技能	（1）能够独立加工常见果蔬糖制品并解决加工过程中的常见质量问题			
	（2）能够有效利用网络、图书资源查找有用的相关信息，能将查到的信息有效地运用到学习中			
	（3）积极主动与教师、同学交流，相互尊重、理解。与教师、同学间能保持多向、丰富的信息交流			
	（4）能处理好合作学习和独立思考的关系，做到有效学习。能提出有意义的问题或能发表个人见解			
思政素养	（1）能从全局上筹划相关事项或行动的具体安排			
	（2）能够细致认真地分析资料			
合计				

自我评价与总结	
教师点评	

课程思政专栏

果脯二氧化硫超标

蜜饯是我国的传统食品，酸甜可口，深受人们喜爱，距今已有 2 000 多年的历史，东汉人赵晔撰写的《吴越春秋》有“越以甘蜜丸（木党）报吴增封之礼”的记载。蜜饯是古人用糖渍或盐渍保存果蔬的智慧结晶。从现代食品工业来看，蜜饯可以抑制微生物的生长。

北京市食品药品安全委员会办公室通报，天津某食品公司生产的话梅被检出二氧化硫超标。据悉，现行国标 GB 2760—2014《食品安全国家标准 食品添加剂使用标准》规定，果脯话梅中的二氧化硫残留标准值应≤ 0.35 g/kg，但“泉源”牌雪花杏肉实测值达到了 3.17 g/kg，是标准值的 9 倍多。

二氧化硫超标的果脯流入市场，一方面是食品生产企业的不规范生产，另一方面是出厂前的检验检测不过关。其实，果脯生产历史悠久，为京郊传统特产。果脯的制作，要经过去皮、取核、糖水煮制、浸泡、烘干和整理包装等主要工序。不合格的果脯往往体现的是加工环节的不到位。

水果原料筛选、清洗及烘干、加工全采用先进食品机械，杜绝人工操作的卫生隐患。生产由机械控制，确保品质如一。食品包装采用 GMP 药品级无尘车间，保证环保卫生。（来源：广西市场监管微信公众号）

○【启示】食品安全不仅关乎个人的生命健康，而且是社会稳定和发展的基础。在这个经济快速发展的时代，食品安全问题尤其突出。屡屡发生的食品安全事件，让人们对食品安全产生了深深的忧虑。

食品安全责任重于泰山，需要牢固树立食品安全责任意识。作为未来食品行业技术、研发和经营管理人员，需要始终将食品安全责任铭记于心，确保所从事工作的食品质量与安全。

任务四 蔬菜腌制品加工

任务导入

蔬菜腌制是中国应用最普遍、最古老的蔬菜加工方法。蔬菜腌制指的是一种利用高浓度盐液、乳酸菌发酵来贮藏蔬菜，并通过腌制来增进蔬菜风味的一种贮藏蔬菜并赋予其新鲜滋味的方法。发酵蔬菜、泡菜、榨菜等都是蔬菜腌制品。

由于中国有许多原产蔬菜，同时很早就开始制作和应用食盐，新石器时代就已经发明了陶器，公元前就掌握了制曲术，因而中国制作加盐的腌制品的历史甚为悠久，可能起于周代以前。古籍中的“菹”字，指将食物用刀子粗切，也指这样切过后做成的酸菜、泡菜或用肉酱汁调味的蔬菜。至汉以后，“菹”字泛指加食盐、加醋、加酱制品腌制成的蔬菜。《周礼·天官·醢人》“七菹”郑玄注：“韭、菁、茆、葵、芹、箈、笋……凡醯酱所和，细切为齑，全物若牒为菹。”《说文》：“菹，酢菜也。”南朝梁宗懔《荆楚岁时记》：“仲冬之月，采撷霜芜菁、葵等杂菜，干之，并为干盐菹。”清袁枚《随园食单》：“腌冬菜、黄芽菜，淡则味鲜，咸则味恶。然欲久放非盐不可。常腌一大坛三伏时开之，上半截虽臭烂，而下半截香美异常，色白如玉。”

某位同学来自沿海地区，到青海上学，偶然在超市买到了一种腌制的混合蔬菜，非常可口，他在自己的家乡没有吃到过这样的腌制菜。经过查阅资料得知，这是一种在青海民间非常受欢迎的蔬菜腌制品，名叫“花菜”，他对此产生了浓厚的兴趣，想要自己在家尝试制作。

他向作为本地人的你请教，你知道“花菜”其实是泡菜的一种，请你帮助他了解蔬菜腌制的制作工艺并协助他完成“花菜”的制作。

任务工单

班级：________ 姓名：________ 学号：________

任务名称	泡菜的加工
任务描述	根据实际情况，填写本任务的内容、目的、流程和方法。 任务内容：________ ________ 任务目的：________ ________ 任务流程：________ ________

（续表）

<table>
<tr><th>任务名称</th><th colspan="4">泡菜的加工</th></tr>
<tr><td>任务描述</td><td colspan="4">任务方法：________</td></tr>
<tr><td>获取信息</td><td colspan="4">要完成任务，需要掌握相关的知识。请你搜集资料，回答以下几个问题。
（1）蔬菜腌制的基本原理是什么？
（2）蔬菜腌制品的主要种类和特点是什么？
（3）原料在加工过程中的注意事项有哪些？
（4）食盐是如何提供防腐贮藏作用的？</td></tr>
<tr><td>制订计划</td><td colspan="4"></td></tr>
<tr><td rowspan="6">任务实施</td><td colspan="4">按照预先制订的计划，完成本任务，并记录任务实施的过程。</td></tr>
<tr><td>序号</td><td>完成的任务</td><td>遇到的问题</td><td>解决办法</td></tr>
<tr><td></td><td></td><td></td><td></td></tr>
<tr><td></td><td></td><td></td><td></td></tr>
<tr><td></td><td></td><td></td><td></td></tr>
<tr><td></td><td></td><td></td><td></td></tr>
</table>

任务准备

一、知识准备

（一）腌制的原理

蔬菜的腌制主要是利用食盐的高渗透压作用、微生物的发酵作用、蛋白质的分解作用以及其他一系列的生物化学作用，抑制有害微生物的活动，并增加产品的色香味。

（二）蔬菜腌制品的种类

蔬菜腌制品的种类很多，可分为发酵性腌制品和非发酵性腌制品。

1. 发酵性腌制品

发酵性腌制品腌渍时的食盐用量较低，在腌制过程中会发生显著的乳酸发酵现象，利用发酵产物乳酸、食盐和香辛料等，可以贮藏蔬菜并增进其风味。根据腌渍方法和产品状态，可分为干态发酵腌渍品和湿态发酵腌渍品。

（1）干态发酵腌渍品。腌制过程中不加水，先将菜体经风干或人工脱去部分水分，然后进行盐腌，经自然发酵后，便可食用，如榨菜、酸白菜等。

（2）湿态发酵腌渍品。用低浓度的食盐溶液浸泡蔬菜或用清水发酵而成的一种带酸味的蔬菜腌制品，如泡菜、酸黄瓜等。

2. 非发酵性腌制品

非发酵性腌制品腌渍时的食盐用量较高，产品发酵作用不明显，主要是利用高浓度的食盐和香辛料等来贮藏蔬菜并增进其风味。非发酵性腌制品可分为以下 4 种。

（1）盐渍品。用较高浓度的盐溶液腌渍而制成。

（2）酱渍品。通过制酱、盐腌、脱盐、酱渍过程而制成。

（3）糖醋渍品。将蔬菜浸渍在糖醋液内制成，如糖醋蒜。

（4）酒糟渍品。将蔬菜浸渍在黄酒酒糟内制成，如糟菜。

蔬菜腌制品的分类除上述方法外，还有由中国微生物学会酱腌菜学组提出的“十类法”，此法将我国的酱腌菜分为十类，包括酱渍菜类、酱油渍菜类、湿态腌菜类、半干态腌菜类、干态腌菜类、糖醋渍菜类、虾油渍菜类、辣味菜类、酒糟渍菜类、菜脯类。

（三）食盐在腌制过程中的作用

食盐在腌制过程中所起的作用概括起来可分为高渗透压作用、抗氧化作用和降低水分活度作用。

1. 食盐的高渗透压作用

食盐溶液具有高渗透压。一般细菌细胞液的渗透压仅有 350 ～ 1 670 kPa。1% 的食盐溶液可以产生 610 kPa 的渗透压，15% ～ 20% 的食盐溶液可以产生 9 000 ～ 12 000 kPa 的渗透压。通常蔬菜用的盐水浓度为 40% ～ 65%（2 470 ～ 9 270 kPa）。当食盐溶液渗透压大于微生物细胞渗透压时，微生物细胞内的水分外渗而使其脱水，最后导致原生质和细胞壁发生质壁分离，从而使微生物活动受到抑制，甚至会由于生理干燥而死亡。所以利用食盐溶液的高渗透压作用能起到良好的防腐效果。另外，食盐溶液中的一些 Na^{+}、K^{+}、Ca^{2+}、Mg^{2+} 等离子在浓度较高时也会对微生物产生生理毒害作用。

不同种类的微生物具有不同的耐盐能力。一般来说，对腌制品有害的微生物，则对食盐的抵抗能力较弱。霉菌和酵母菌对食盐的耐受力要比细菌大得多，而酵母菌的抗盐性最强。当溶液的 pH 值越低时，微生物的耐受性也越低。例如，酵母菌在溶液 pH 值为 7 时，对食盐的最大耐受浓度为 25%；但当溶液的 pH 值降至 2.5，即溶液具有很显著的酸性时，14% 的食盐浓度就可抑制其活动。高浓度的食盐虽然对抑制各种菌类的活动有利，但若过高会使蛋白质的分解作用减慢，使制品的后熟期相应地延长，同时味道太咸影响口感和风味。一般腌制品中食盐浓度在 10% 左右，12% 以上就会显著延缓蛋白质的分解速度。

2. 食盐的抗氧化作用

在食盐溶液中，氧的溶解度大大降低，从而形成了缺氧环境，这对需氧型微生物产生了一定的抑制作用。同时，在食盐的作用下，蔬菜腌制品中的水分渗出，可溶性固形物含量增加，使蔬菜组织中的含氧量降低，有效抑制了蔬菜组织中化学成分的氧化。

3. 食盐的降低水分活度作用

食盐溶液浓度越高，水分活度就越小。其原理是食盐溶于水中，其中的 Na^+ 与水发生水合作用，减少了溶液中自由水的含量。水分活度越小，就意味着溶液（食品）中的水分可以被微生物利用的程度越小，微生物的活动就会受到抑制。

蔬菜腌制工艺中，确定腌制液中食盐的最佳浓度、掌握用盐量、控制蔬菜组织与腌渍液内可溶性固形物浓度达到渗透平衡所需的时间、采用合理的分批加盐方法是非常重要的，是保证腌制品质量的关键。

（四）腌制过程中微生物的发酵作用

发酵性腌制品在腌制过程中，发酵作用比较明显；非发酵性腌制品，发酵作用较弱，甚至不存在。在腌制过程中，微生物的发酵种类是多种多样的。常见的发酵形式有乳酸发酵、酒精发酵和醋酸发酵。

1. 乳酸发酵

乳酸发酵是蔬菜腌制过程中最重要的生化反应，是在乳酸菌的作用下将糖（单糖、双糖）分解生成乳酸、酒精、CO_2 等产物的过程。根据发酵机制和发酵产物的不同，乳酸发酵可分为同型乳酸发酵和异型乳酸发酵。同型乳酸发酵是指在发酵过程中只生成乳酸，产酸量高，能积累乳酸 1.4% 以上。常见的能进行同型乳酸发酵的菌种有植物乳杆菌、乳酸片球菌、乳链球菌等。异型乳酸发酵除生成乳酸外，还有其他产物的生成，如酒精、醋酸、CO_2 等。参与异型乳酸发酵的菌种有肠膜明串珠菌、短乳杆菌、戊糖醋酸乳杆菌等。乳酸发酵是蔬菜发酵性腌制品中的主要变化过程，其发酵过程进行得好坏，与制品的品质优劣有着密切的关系。影响乳酸发酵的因素有食盐浓度、发酵温度、发酵酸度、空气、含糖量等。

2. 酒精发酵

蔬菜腌制过程中的酒精发酵很微弱。酒精发酵是由于蔬菜上附着的酵母菌（如鲁氏酵母、圆酵母等）将糖分解成乙醇而引起的。同时蔬菜原料在腌制初期被盐水淹没时所引起的无氧呼吸也可生成微量的酒精。少量酒精的产生，对腌菜并无不良影响，反而有助于提高腌制品的品质风味。在酸性条件下，酒精与有机酸发生酯化反应，产生酯香味，这些酯香味对产品的风味影响是很大的。

3. 醋酸发酵

在蔬菜腌制过程中还有微量醋酸的产生。醋酸发酵是指醋酸菌在有氧条件下氧化乙醇而生成乙酸。蔬菜腌制中极少量的醋酸不但无损于产品的品质，反而对产品的保藏是有利的。但醋酸含量过多时，会使产品具有醋酸的刺激味，使腌制品的质量下降。醋酸菌是好氧性微生物，由于过多的醋酸会影响腌制品的质量，生产上应注意保持腌制环境的厌氧条件，以防止过量醋酸的产生。蔬菜腌制过程中微生物的发酵作用，乳酸发酵是主体，其次为酒精发酵，醋酸发酵极其微量。

（五）腌菜的色、香、味与脆性

1. 色素的变化与色泽的形成

（1）蔬菜中的天然色素及其变化。蔬菜中常见的天然色素有 3 类，分别是叶绿素、花青素和类胡萝卜素。

①叶绿素。叶绿素在酸性环境中，易失去绿色而变成褐色或绿褐色，而在碱性环境中比较稳定。在蔬菜腌制时，酸性环境会使叶绿素破坏，失去原有的鲜绿色。

②花青素。受酸碱性的影响，花青素的颜色呈现酸红、碱蓝、中紫的特征。在腌制过程中，分解、氧化均能使花青素遭到破坏而失去原有的颜色。

③类胡萝卜素。类胡萝卜素包括胡萝卜素、茄红素等，它们的性质比较稳定，腌制过程中不易变色。

（2）褐变引起的色泽变化。在蔬菜腌制过程中，腌渍物的颜色渐渐加深，成为黄色或黑褐色。主要的褐变类型有两个方面。

①酪氨酸褐变。酪氨酸褐变属于酶促褐变，酪氨酸在原料组织或微生物细胞中所含的酪氨酸酶的作用下，经过一系列的氧化作用，生成深黄褐色或黑褐色的黑色素，又称为黑蛋白。

②美拉德反应。美拉德反应是指含氮物质（如氨基酸）与糖类物质之间发生的反应，属于非酶促褐变，最终产物为黄褐色物质。反应过程中的中间产物还可赋予腌制品一定的香气。

（3）外来色素的影响。这是由于物理的吸附作用引起的，加入适量的色素有利于提高产品的品质，但使用大量的化学合成色素是对人体健康有害的。

2. 香气与滋味的变化

蛋白质分解会引起鲜味和香味的形成。

（1）鲜味的形成。在酶的作用下，蔬菜原料中的蛋白质分解生成各种氨基酸。一般的氨基酸都具有一定的鲜味，各种蔬菜的氨基酸含量经腌制后都有不同程度的提高，如榨菜成熟时氨基酸含量按干物质计算为 1.8 g/100 g ～ 1.9 g/100 g，而在腌制前只有 1.2 g/100 g 左右，提高了 60% 以上。

腌制品中鲜味的主要来源是谷氨酸与食盐作用生成的谷氨酸钠，榨菜在成熟前后所含谷氨酸的量是不同的，按干物质计算谷氨酸占氨基酸的总量，成熟前为 18%，而成熟后可上升到 31%。另一种鲜味物质，即天冬氨酸，占氨基酸总量的 11%，这两种鲜味物质占氨基酸总量的 40% 以上。据试验，0.1% 的谷氨酸钠水溶液就有鲜味，榨菜中所含谷氨酸钠的值超过此阈限，因而鲜味极浓。

蔬菜腌制品中不只含有谷氨酸，据分析，榨菜中所含氨基酸种类达 17 种之多，这些氨基酸又可生成相应的钠盐，因此腌制品的鲜味超过单纯谷氨酸钠所有的香味。

（2）香味的形成。香味的来源主要有以下几个方面。

①酯化反应。原料中的有机酸或氨基酸与发酵产生的酒精进行酯化反应，能产生乳酸乙酯、醋酸乙酯、氨基丙酸乙酯等芳香性物质。

②氨基酸与戊糖或甲基戊糖的还原产物 4- 羟基戊烯醛作用，生成含有氨基醛类香味物质。

③双乙酰和乙偶姻的形成，使腌菜产生特殊的香气。在腌制过程中，乳酸菌类将糖发酵生成乳酸的同时，还生成具有芳香的双乙酰。

④芥菜子苷香气。芥菜是腌制品的主要原料，芥菜中含有芥菜子苷，具有一定的香气。当原料在腌制时搓揉或挤压使细胞破裂，则黑芥子苷在黑芥子苷酶的作用下分解，产生一种气味芳香而又带有刺激性气味的芥子油。

此外，在腌制品中加入各种不同的香料及调味品，也可带来各种不同的香质，增加香味。

3. 脆性的变化

脆性是腌制品的重要质量指标之一。制作良好的腌菜一般都有较好的脆性。蔬菜的脆性主要与细胞的膨压和细胞壁中的原果胶成分的变化有关。只有当果胶以原果胶或与金属离子结合形成不溶性的果胶酸盐时，蔬菜才能保持较好的脆性。

（六）蔬菜腌制与亚硝酸胺

N- 亚硝基化合物是指含有亚硝基的化合物，是一类致癌性很强的化合物。按其结构可分 N- 亚硝胺、N- 亚硝基脲、N- 亚硝酰胺。N- 亚硝基化合物在动物体内、人体内、食品中以及环境中，均可由其前体物质胺类、亚硝酸盐及硝酸盐合成。此种化合物如作用于胚胎，会致畸及产生胚胎毒性；如作用于基因，则发生突变，遗传给下一代；如作用于体细胞，则会发生癌变。

合成亚硝基化合物的前体物质能在各种食品中发现，尤其在质量较差、不新鲜或是加过硝酸盐、亚硝酸盐保存的食品中。一些蔬菜，如萝卜、大白菜、芹菜、菠菜中含有大量的硝酸盐，它可经酶或细菌作用还原成亚硝酸盐，提供了合成亚硝基化合物关键的前体物质。

据分析，硝酸盐含量在各类蔬菜中是不同的。叶菜类大于根菜类，根菜类大于果菜类。新鲜蔬菜腌制成咸菜后，其硝酸盐的含量下降，而亚硝酸盐的含量上升。新鲜蔬菜中的亚硝酸盐含量一般在 0.7 mg/kg，而咸菜、酸菜中的亚硝酸盐含量可上升至 13 ～ 75 mg/kg，这是腌制中必须重视的问题。

据研究，在蔬菜腌制中，亚硝酸盐含量随着食盐浓度不同而有所差异。通常在 5% ～ 10% 食盐溶液中腌制，会形成较多的亚硝酸盐。在腌制过程中，温度状况会明显影响亚硝基化合物峰值（可称亚硝峰）出现的时间、峰值的水平及全程含量。在较低温度下腌制，亚硝峰形成慢，但是峰值高，持续时间长，全程含量高。亚硝酸盐含量主要聚集在高峰持续期。在腌白菜时，高峰持续 19 d，亚硝酸盐含量占全程含量的 98%。研究还发现亚硝酸盐含量与蔬菜腌制时的含糖量呈负相关。这些研究都为腌制工艺提供了科学依据。食用腌菜时需要避开亚硝峰的高峰期。

（七）工艺流程

工艺流程为原料选择→原料预处理→配制腌液→倒菜入坛→腌制→成品。

（八）操作要点

1. 原料选择

选择组织致密、质地脆嫩、泡制后不软化的蔬菜品种作为腌制蔬菜的原料，如白菜、萝卜、小萝卜、茄子、黄瓜、辣椒、生菜、芸豆、豇豆、蒜头、芹菜等。

2. 原料预处理

新鲜的原料经处理、洗涤后，将不适用的部分去掉。一般不进行切分，但体形过大者仍以适当切分成小块为宜。沥干水分后立即入坛腌制。如能将原料适当晾干后再入坛腌制，其品质会更好。

3. 腌液的配制

腌液质量的好坏，直接影响腌制蔬菜品质的好坏，也是腌制蔬菜成功与否的关键。井水和泉水是含矿物质较多的硬水，效果最好，因其能保持腌制蔬菜成品的脆性。自来水硬度较大，也可使用。有时为增加腌制蔬菜的脆性，在配制盐水时，加入 0.05% 钙盐或加入 0.2% ～ 0.3% 生石灰配成的溶液浸泡原料。腌液的含盐量以 6% ～ 8% 为宜，为增进腌制蔬菜的品质，可在盐水中按比例加入白酒 2.5%、黄酒 2.5%、甜醪糟 15%、红糖 2% 以及辣椒粉 3%，并加入各种香料。此外，各种香类蔬菜（如芹菜、芫荽等）的种子也可酌量加入。为使所腌制的蔬菜原料快速发酵缩短成熟时间，可在所配制的盐水中，人工接种乳酸菌或加入品质良好的陈腌制水及酒曲。含糖量较少的原料，为加快乳酸发酵可加入少量的葡萄糖。

4. 入坛腌制

坛子使用前应洗涤干净，也可用沸水烫洗，以减少杂菌污染。而后将准备好的原料装入坛内，装至半坛时将香料包放入，再装原料至距坛口 6 ～ 7 cm 为止，用竹片将原料卡压住，以免加盐水时蔬菜浮于盐水面上。注入所配制的腌液，使盐水将蔬菜淹没。将坛口小碟盖上后立即将坛盖覆盖，并在水槽中加注冷开水或盐水，形成水槽封口。将坛置于阴凉处任其自然发酵。1 ～ 2 d 后，由于食盐的渗透作用，坛内原料的体积缩小，盐水下落，此时宜适当添加原料和盐水，装至坛口下 3 cm 为止。

腌制蔬菜的成熟期随所用蔬菜种类及当时的气温而异。一般新配盐水在夏天泡制时需 5 ～ 7 d 可成熟，冬天需 12 ～ 16 d 成熟。叶菜类（如甘蓝）需时较短，根菜类及茎菜类需时较长。直接用陈腌制水泡制时，其成熟期可缩短。陈腌制水使用的次数越多，所泡制的腌制蔬菜品质越好。

5. 腌制期管理

首先注意水槽，在发酵初期会有大量气体由坛内经水槽逸出，使坛内逐渐形成无氧条件，利于乳酸菌的活动。有时因气温的突然改变影响大气压力的改变时，水槽内的水就会被吸入坛内从而影响产品质量，要特别注意水槽中注入的水应是盐水或冷开水。必要时要更换水槽中的水以保持水槽的清洁卫生。在取食后先添原料，再泡时除按比例占原料的 5% ～ 6% 适当补充食盐水外，其他的如白酒、红糖等也应适当添加，以保证腌制蔬菜的质量。

为保证制品质量长期不坏，要经常进行检查，最好在成熟后及时取食。如腌制蔬菜量大，一时食用不完，则宜增加食盐量并装满，严封水槽，不再取食，即可长期保存。但如果储存时间太长，腌制蔬菜的酸度不断增加，组织变软，会影响腌制蔬菜的品质。因此，只有质地紧密者才适宜长期保存。

6. 成品管理

在腌制蔬菜成熟后，一般要求及时取食。对于耐储的原料，成熟后若能加强管理，也可较长时间保存。对于要保存的腌制蔬菜，一般要求 1 种原料装 1 个坛，不要混装，泡制盐水的盐浓度要适当提高，并向坛内加入适量白酒，糟水要保持清洁，并保持坛内良好的密封条件。

二、材料准备

（一）查阅蔬菜腌制加工的工艺流程资料

蔬菜腌制加工的工艺主要包括原料的选择及预处理过程、腌液的配制（配方）、硬化处理、避免亚硝峰等。

（二）查阅泡菜规模化制作及个人制作的资料

泡菜制作主要包括操作要点中不同操作方法的选择。

（三）查阅泡菜腌制中常见的质量问题及措施

泡菜腌制中常见的质量问题主要包括腌菜变色（变黑、变红）、腌菜质地变软、腌菜变黏、发霉等。

三、人员准备

人员分组，每组 5 人。明确职责分工。

人员分工表

任务角色	任务内容
组长：	任务：
组员 1：	任务：

（续表）

任务角色	任务内容
组员 2：	任务：
组员 3：	任务：
组员 4：	任务：

任务实施

一、实施内容

明确要调查的项目，确定要运用的蔬菜腌制的加工工艺，明确操作过程中的各项参数、需要使用的设备、出现质量问题的应对措施等。

二、实施方法

认真思考如何才能获取更有价值的信息，通过哪些渠道获取信息资料，并对这些资料进行加工整理，形成可供该同学选择的方案。

三、实施流程

第一步：深入了解蔬菜腌制的原理。
第二步：调查大规模工厂的加工工艺。
第三步：调查适合家庭制作的加工工艺。
第四步：为该同学提供相关建议并为他演示制作方法。

任务检测

在线测试

任务评价

项目	评分标准	自我评价	小组评价	教师评价
理论知识	（1）了解蔬菜腌制的原理			
	（2）了解蔬菜腌制品的主要种类和特点			
	（3）掌握蔬菜腌制品常见质量问题的解决措施			
实操技能	（1）能够独立加工常见蔬菜腌制品并解决加工过程中的常见质量问题			
	（2）能够有效利用网络、图书资源查找有用的相关信息，能将查到的信息有效地运用到学习中			
	（3）积极主动与教师、同学交流，相互尊重、理解。与教师、同学间能保持多向、丰富的信息交流			
	（4）能处理好合作学习和独立思考的关系，做到有效学习。能提出有意义的问题或能发表个人见解			
思政素养	（1）能从全局上筹划相关事项或行动的具体安排			
	（2）能够细致认真地分析资料			
合计				
自我评价与总结				
教师点评				

课程思政专栏

青海全力打造绿色有机农畜产品输出地

“来自青藏高原景枫牧场”，一句简单的广告语，带火了南京市区的“烤隐”连锁餐饮店。通过产地直供，如今高品质的祁连藏羊受到了越来越多南京市民的青睐。

2022年，青海成功创建青海油菜优势特色产业集群，西宁市湟中区作为油菜生产大县，被遴选入全省油菜产业集群建设。走进示范区青海大宋农业科技股份有限公司的榨油车间，一粒粒饱满的油菜籽通过初筛、烘干、压榨、包装等一系列流程后，变成一瓶瓶透亮醇香的菜籽油，被运送到南京、武汉、杭州等大城市。

为什么这里的菜籽油这么受欢迎？公司总裁给出的答案是："青藏高原春小粒，一年一季味更香。"近年来，企业以青藏高原有机、绿色、无污染的春油菜籽加工、销售为基点，主打品牌已具备较高的市场知名度，形成了高中低档不同层次的品牌体系。

"绿色"铺底，好产品层出不穷，更受市场欢迎。在2022年7月20日举办的中国·青海绿色发展投资贸易洽谈会上，"打造青海绿色有机农畜产品输出地"展区十分火爆，牦牛、藏羊、马铃薯、藜麦等农畜产品销售订单高达4.67亿元，彰显了"青字号"臻品的巨大潜力。

2022年的蔬菜市场上，青海互助的冷凉蔬菜可谓"大火"。"特别是今年，我们积极打通'关地合作'渠道，互助高原特色冷凉蔬菜在全省率先实现粤港澳大湾区直供，销售渠道更加多元，发展底气更加充足。"时任互助县委副书记、县长王国栋说。

盛夏7月，天还没亮，互助县台子乡塘巴村的向隆种植农民专业合作社早已一派忙碌景象。合作社负责人向成贵介绍，菜农每天凌晨下地采摘最鲜亮的蔬菜，去老叶、预冷、分拣、打包，12小时之内，高原优质蔬菜掐着点儿踏上前往香港的旅程，48小时内便能抵达香港市场。（来源：农民日报）

【启示】绿色有机蔬菜体现了人们对自然的尊重与呵护，正如我们应尊重社会规律和他人权益。种植有机蔬菜需耐心与坚持，这提醒我们在追求理想和目标时要有持之以恒的精神。其绿色无污染的特性，象征着纯净的品质，启示我们要保持心灵的纯粹，坚守道德底线。同时，选择有机蔬菜也是对健康生活的追求，反映出我们应重视自身成长与发展，以积极的态度为社会贡献力量，共同创造一个和谐、可持续发展的美好世界。

项目二

焙烤食品

项目导读

焙烤食品在我国的制作技术历史悠久，技艺精湛，是中国食品体系的主要内容之一，也是饮食业不可缺少的部分。

焙烤食品是以谷物或谷物粉为基础原料，加上油、糖、蛋、奶等 1 种或几种辅料，采用焙烤工艺定型和成熟的一大类固态方便食品。在食品工业上主要指各类面包、饼干、月饼、蛋糕、糕点、饼类等食品，焙烤食品的门类和花样越来越多，逐渐发展成为方便食品的一个重要部分。

知识目标

了解焙烤食品常用原辅料的特点和用途；掌握饼干、面包、糕点的生产工艺；能分析和解决饼干、面包、糕点生产中常见的质量问题。

技能目标

理解并掌握各种原辅料的营养价值；焙烤不同食品过程中能够使用正确的原辅料；会使用常见的揉面机、打蛋机、烤炉等机械设备；会调制面包面团。

素质目标

工匠精神的核心是精益求精。从原料到成品，中间有很多工艺流程和技术要点，例如，面团发酵时间和发酵温度会直接影响产品的风味；烘焙温度和烘焙时间决定了产品的色泽和口感。因此，只有认真把握每一个工艺环节，才能使成品达到一定的品质标准。“书痴则文必正，艺痴则技必良”，如果操之过急，缺乏认真、专注、精益求精的工匠精神，就很难在技术上取得成绩。

任务一 原辅料选择

任务导入

妈妈想在家里做面包，但是不同的面粉买回来之后就被妈妈分开装在了密封箱里面，也没有贴标签，现在没办法从外观上分辨其种类。请你运用学习到的知识，帮助妈妈找出适合制作面包的面粉，并搭配好需要使用的辅料。

任务工单

班级：__________ 姓名：__________ 学号：__________

任务名称	原辅料选择
任务描述	根据实际情况，填写本任务的内容、目的、流程和方法。 任务内容：__________ __________ 任务目的：__________ __________ 任务流程：__________ __________ 任务方法：__________ __________
获取信息	要完成任务，需要掌握相关的知识。请你搜集资料，回答以下几个问题。 （1）焙烤食品的原辅料有哪些？它们分别有什么营养？ （2）不同的面粉分别适用于制作什么类型的焙烤食品？ （3）结合生活，说说油脂、糖、食盐的功效分别是什么？ （4）乳、蛋在食品中的工艺性能是什么？

（续表）

<table>
<tr><th>任务名称</th><th colspan="4">原辅料选择</th></tr>
<tr><td>制订计划</td><td colspan="4"></td></tr>
<tr><td rowspan="6">任务实施</td><td colspan="4">按照预先制订的计划，完成本任务，并记录任务实施的过程。</td></tr>
<tr><td>序号</td><td>完成的任务</td><td>遇到的问题</td><td>解决办法</td></tr>
<tr><td></td><td></td><td></td><td></td></tr>
<tr><td></td><td></td><td></td><td></td></tr>
<tr><td></td><td></td><td></td><td></td></tr>
<tr><td></td><td></td><td></td><td></td></tr>
</table>

任务准备

一、知识准备

（一）焙烤食品的特点

焙烤食品分为许多大类，而每一类中又分为数以百计的不同花色品种，它们之间既存在着同一性，又有各自的特性。焙烤制品一般具有以下几个特点。

（1）所有焙烤食品均以谷类（主要是面粉）为基础原料。

（2）大多数焙烤食品以油、糖、蛋等或其中 1 ～ 2 种作为主要原料。

（3）所有焙烤食品的成熟或定型均采用焙烤工艺。

（4）大多数焙烤食品都使用化学或生物疏松剂来膨松食品的结构。

（5）焙烤食品是不需要经过调理就能直接食用的食品。

（6）所有焙烤食品均属固态食品。

（二）焙烤食品的分类

焙烤食品已经发展成为品种多样、丰富多彩的食品。例如，某一家食品厂生产的面包就有 600 种之多，故而分类也很复杂。通常有根据原料的配方、制法、制品的特性、产地等分类方法。

1. 按生产工艺特点分类

（1）面包类。面包类包括主食面包、听型面包、硬质面包、软质面包、果子面包等。

（2）饼干类。饼干类有粗饼干、韧性饼干、酥性饼干、甜酥性饼干和发酵饼干等。

（3）糕点类。糕点类包括蛋糕和点心，蛋糕有海绵蛋糕、油脂蛋糕、水果蛋糕和装饰大蛋糕等类型；点心有中式点心和西式点心。

（4）松饼类。松饼类包括派类、丹麦式松饼、牛角可颂等。

2. 按发酵和膨化程度分类

（1）用酵母发酵的食品。这类食品包括面包、苏打饼干等。

（2）用化学方法膨松的食品。这类食品指蛋糕、炸面包圈、油条、饼干等。总之，它是利用化学疏松剂（如小苏打、碳酸氢铵等）产生二氧化碳来使制品膨松。

（3）利用空气进行膨化的食品。这类食品指天使蛋糕、海绵蛋糕等不用化学膨松剂的食品。

（4）利用水分气化进行膨化的食品。这类食品主要是指一些类似膨化食品的小吃，它不用发酵也不用化学疏松剂。

（三）焙烤食品的原辅料及其加工特性

焙烤食品的生产需要多种原料和辅料，原料的质量和特性不仅决定了焙烤食品的营养价值、风味和组织结构等，而且对焙烤食品的生产工艺和生产厂家的经济效益都有重要的影响，生产焙烤食品所需要的原辅料可分为基础原料和辅助原料。为增加焙烤食品的营养价值，改善焙烤食品的风味，提高焙烤食品的品质，则需要另外添加辅助原料。原辅料的理化特性、化学成分、作用、质量及使用量对焙烤食品的生产及其品质有着十分重要的影响，只有全面掌握，才能运用自如，确保焙烤食品的加工品质和食用品质。

基础原料：谷物粉（以面粉为主）、水。

辅助原料：糖、蛋品、乳品、油脂、改良剂、甜味剂、膨松剂、酵母、食盐、各种馅料、装饰料、营养强化剂、保健原料等。

1. 面粉

面粉（也称小麦粉），是制作面包、饼干等焙烤食品最基本的原材料。面粉的性质对于面包等焙烤食品的加工工艺和产品的品质有着决定性的影响，而面粉的加工性质往往是由小麦的性质和制粉工艺决定的。

（1）面粉的加工性能。面粉加工品质的主要影响因素是面粉中蛋白质的数量和质量，但面粉中的其他成分如碳水化合物、类脂和酶等对面粉的工艺性能也有重要影响。面团的性质是面粉中各种成分所起作用的综合体现，因此，可通过面团性质的测定来评价面粉的工艺性能。

①面粉粉质。面粉粉质是用粉质仪来测定的。粉质仪是根据面团搅拌时会受到阻力的原理而设计的，该仪器会自动绘出一条特性曲线，即粉质曲线。

曲线图被绘制在一张印有刻度的专用纸上。从粉质曲线图上可以得到一些指标，以综合评价面粉的工艺性能。

②面团的拉伸性。面团的拉伸性可从面团拉伸曲线上反映出来。用与测定粉质曲线对应的面团测定拉伸曲线。先用粉质仪的搅拌器来调制面团，然后称取 150 g 面团，在拉伸仪上滚圆、发酵、拉伸至面团断裂。面团断裂后重新整形再重复上述操作 3 次，即 45 min、90 min、135 min 共 3 次，则可得出面团拉伸曲线。

（2）面粉的物化性能。面粉的物化性能主要包括湿面筋含量和降落值。

①湿面筋含量。面粉的蛋白质含量与质量是影响其食品加工品质的最重要因素。但在实际生产中，蛋白质含量相等的面粉，其食品加工性能也相差较多，甚至有些蛋白质含量低的面粉加工性能好于蛋白质含量高的面粉，主要是由蛋白质质量或组成的不同造成的。而湿面筋含量则较好地表征了面粉中麦谷蛋白和麦醇溶蛋白的含量及比例，因此，湿面筋含量被各国视为面粉等级标准的重要指标。面粉中湿面筋含量一般是通过洗面筋的方法来测定的，以前是用手洗，现在多采用机器洗，即面筋测定仪。

②降落值。降落值是以 α－淀粉酶能使淀粉凝胶液化、使黏度下降这一原理为依据，以一定质量的搅拌器在被酶液化的热凝胶糊液中下降一段特定高度所需的时间（以 s 为单位）来表示的。根据淀粉糊液黏度的变化来反映淀粉酶的含量及酶活性。降落值小，表明淀粉糊液黏度小，淀粉被酶解的程度大，酶活性强。如油炸面包圈、糕点、方便面、锅巴等面制食品。对生产面包的面粉来说，降落值小于 200，表示酶活性过强；降落值在 200 ～ 300 表示酶活性正常；降落值大于 300，则表示酶活性过低。现在许多国家将降落值作为面粉的等级标准和专用粉的重要指标，用于检验进出口谷物和计算产品价格的依据以及用于配粉的计算。

2. 油脂

油脂是生产焙烤食品的重要原料之一，不仅能使产品具有一定的滋味，而且在焙烤食品的营养价值、色、香、味、形及组织结构等方面均发挥着重要作用。

（1）常用的油脂。在焙烤食品中，常用的油脂有植物油、动物油、人造奶油、起酥油和氢化油等。

①植物油。植物油有大豆油、棉籽油、花生油、棕榈油、玉米胚芽油等。植物油中主要含有不饱和脂肪酸，其营养价值高于动物油，但加工性能不如动物油和人造固态油脂。

②动物油。天然动物油中常用的是奶油和猪油。大多数动物油都具有熔点高、起酥性好、可塑性强等特点。

a. 奶油。从牛奶中分离出来的乳脂肪，柔软、有天然的奶香味，主要成分是牛乳脂肪，又称黄油、白脱油。乳脂肪含量在 80% 左右，熔点为 20 ～ 30 ℃，凝固点为 15 ～ 25 ℃，常温下呈半固态，具有一定的硬度和良好的可塑性。它含有多种营养成分，并具有独特的风味，是西式糕点生产的重要原料。它适用于西式糕点的裱花，且能保持糕点外形的完整性。但价格较贵，储存稳定性也较差。

b. 猪油。从猪的内脏蓄积脂肪及腹部、背部等皮下组织中提取的油脂。常温下呈软膏状，熔点在 36 ～ 42 ℃，色泽洁白，有特殊香气。可塑性、起酥性较好，被广泛应用于糕点的生产。在苏式、宁式及广式糕点的馅中还常用猪板油制成的板丁油，又称“水晶”。但其胆固醇含量较高，稳定性比奶油差，使用时要注意防止酸败。

c. 牛油、羊油。牛油、羊油都有特殊气味，需精炼脱臭后才能使用。这两种油熔点高，前者熔点为 40 ～ 46 ℃，后者熔点为 43 ～ 55 ℃，可塑性强，起酥性较好，在欧洲国家中大量用于酥类糕点，便于成型和操作。但由于熔点高于人体温度，故不易消化，一般在焙烤食品中很少使用。

③人造奶油。人造奶油又称麦淇淋，是指精制食用油添加适量的水、乳粉、色素、香精、乳化剂、防腐剂、抗氧化剂、食盐、维生素等辅料，经乳化、急冷捏合而成的具有天然奶油特色的可塑性油脂食品。由于人造奶油具有良好的涂抹性能、口感性能、风味性能等加工特性和良好的乳化性能，所以是奶油良好的代用品。它已成为世界上焙烤食品加工中使用较为广泛的油脂之一。

④起酥油。起酥油是指精炼的动植物油脂、氢化油、酯交换油或这些油的混合物，经混合、冷却、塑化而加工出来的，具有可塑性、乳化性的固态或流动性的油脂产品。起酥油与人造奶油的主要区别是起酥油中没有水相，室温下呈固态，不易流动，软硬适中，起酥性好，乳化性好，稳定性好。起酥油的品种很多，几乎可以用于所有的食品中，在面包、饼干、糕点中使用最为广泛。

⑤氢化油。氢化油是将液态油经氢化处理后得到的在常温下为固态的一种油脂，其可塑性、乳化性较好，起酥性、稠度和硬度也高于一般油脂，特别是具有比较高的稳定性，无臭无味，不易氧化酸败，是焙烤食品生产的理想用油。

（2）油脂在焙烤食品中的主要作用。油脂在焙烤食品中的作用主要有以下几个方面。

①增加营养，改善风味。油脂具有较高的热量，含有人体必需的脂肪酸和油溶性维生素，在焙烤食品中添加适量的油脂可以提高食品的营养价值；油脂可赋予食品特殊的香味，还可以改善食品的外观及组织结构，从而使食品具有良好的食用风味。

②调节面团的胀润度，提高可塑性。可塑性是指固态油脂（人造奶油、奶油、起酥油、猪油等）和面团在外力的作用下可以改变自身形状，撤去外力后能保持一定形状的性质。

油脂具有很强的疏水性，当油脂与面粉接触时，它便分布在淀粉颗粒和蛋白质的表面，能在面粉颗粒表面形成一层油膜，起到了隔离作用，阻碍面筋蛋白吸水形成面筋。同时，它还阻碍小块面筋形成大块面筋，使面筋蛋白不能充分吸水胀润，限制了面筋网络的形成，从而影响了面团的胀润度，使面团的弹性和韧性降低，并使面团柔软，可塑性提高。

可塑性良好的人造奶油加到面包面团中，可使面包的瓤心呈层状结构。可塑性良好的起酥油加到蛋糕中，可使蛋糕的体积增大，加到饼干和酥性点心中，食用时口感酥脆。

③起酥作用。起酥性是指油脂具有能使食品酥脆易碎的性能。

油脂不仅能限制面筋的形成，而且对淀粉颗粒的粘连和糊化有一定的限制作用。当油脂与面粉充分混合后，面粉颗粒被油脂颗粒包围、隔开，覆盖于面粉的周围形成油膜，起到了隔离作用，限制了面筋网络的形成，同时淀粉和面筋之间不能结合，面粉颗粒之间的距离扩大，空隙中充满了空气，这些空气受热膨胀，从而使酥性食品口感酥松，入口即碎。

④充气性。油脂的充气性，也称为油脂的融合性。它是指油脂在空气中高速搅打时，空气被裹入油脂中，在油脂内形成大量小气泡的性质。在蛋糕和面包生产中加入充

气性良好的油脂可使它们的体积增大，在饼干和酥性点心中加入这种油脂，会使产品酥脆适口，质地疏松。油脂的充气性与其组成有关，起酥油的充气性比人造奶油好，猪油的充气性较差。

⑤提高面团的层次性。油脂能在面团表面形成一层油膜，层层分布在面团中，起着润滑和隔离作用，能提高糕点、饼干等面团的层次，入口即化。

⑥润滑作用。油脂在面团中最重要的作用就是面筋和淀粉之间的润滑剂。油脂在面筋和淀粉间形成的润滑膜使面筋网络在发酵过程中阻力减小，有利于膨胀，增加了面团的延伸性和面团的体积；特别是增大了饼干面团的压延性和润滑性，降低了面团的黏性，有利于工艺操作。固体油的润滑作用优于液体油。

⑦乳化分散性。乳化分散性是指油脂在与含水的原料混合时的分散亲和性质。在制作韧性饼干时，乳化分散性良好的油脂可使油水在面团中均匀分散。制作蛋糕时，油脂的乳化分散性越好，油脂小粒子分布越均匀，得到的蛋糕体积越大，质地越柔软。因此，添加了乳化剂的起酥油、人造奶油以及植物油最适宜制作高糖、高油类糕点和饼干。

⑧吸水性。起酥油、人造奶油都具有可塑性，在没有乳化剂的情况下也具有一定的吸水能力和持水能力。硬化处理的油还可以增加水的乳化性。吸水性对制作冰淇淋、焙烤食品之中的点心类有重要意义。

⑨稳定性。油脂的稳定性是指油脂抗氧化酸败的性能。对植物油来说，油脂的稳定性取决于其不饱和脂肪酸和天然抗氧化剂的含量。固态油脂、起酥油的稳定性要好于猪油和人造奶油，因此，常用起酥油来制作需要保存时间较长的焙烤食品，如饼干、酥饼、点心、油炸食品等。

⑩影响面团的发酵速度。在发酵面团调制时，若油脂用量过多或添加顺序不当，就有可能在酵母细胞的周围形成一层不透性油膜，会妨碍酵母对营养物质的摄取，影响酵母的正常生长繁殖和代谢，使面团发酵速度减慢。

（3）油脂的酸败和抑制。油脂的酸败是焙烤食品常见的变质原因。油脂变质后，食品不仅失去了原有的香味，而且会带来哈喇味、酸味、苦涩等异味，有时产生毒性，并有异臭。因此焙烤工艺对油脂含量高的食品，必须采用稳定性较高的油脂，并且要采用相应的措施加以抑制。

①使用具有抗氧化作用的香料，如姜汁、豆蔻、丁香、大蒜等。

②油脂和含油量较高的食品在贮藏过程中，尽量要做到密封、避光、低温，防止金属离子和微生物污染，达到延缓油脂酸败的目的。

③使用抗氧化剂抑制或延缓油脂的酸败。常用的抗氧化剂有丁基羟基茴香醚（BHA）、2，6-二叔丁基-4-甲基苯酚（BHT）、没食子酸丙酯（PG）、硫代二丙酸二月桂酯（DLTP）、特丁基对苯二酚（TBHQ）、2，4，5-三羟基苯丁酮（THBP），以及天然抗氧化剂（维生素E、糖、胡萝卜素等）。在使用抗氧化剂的同时，也经常使用各种增效剂，如柠檬酸、维生素C、琥珀酸、酒石酸等。

3. 糖

糖是焙烤食品生产的主要原料之一，它对产品的色、香、味、形均有重要的影响。

（1）常用的糖。常用的糖有蔗糖、饴糖、淀粉糖浆、果葡糖浆、蜂蜜等。

①蔗糖。蔗糖的甜味纯正、反应快、很快达到最高甜度，是使用最广泛、较理想的甜味剂。在焙烤食品中常用的有白砂糖、绵白糖。

a. 白砂糖。蔗糖含量在 99% 以上，甜味纯正，溶解度较大。溶液在煮沸时，尤其是在酸存在的条件下，有一部分转化成果糖和葡萄糖，即果葡糖浆。为使其在面团中均匀分布及快速溶解，使用前应先将其磨碎或溶化后使用。

b. 绵白糖。由颗粒细小的白砂糖加入一部分转化糖浆或饴糖，干燥冷却后而成的糖。色泽洁白、颗粒细小、质地绵软、细腻，入口即化。可以直接加入使用，不需粉碎但价格较白砂糖高，所以一般工厂不用，多用于实验室或小作坊。

②饴糖。一般由米粉、山芋淀粉、玉米淀粉加糖化剂（麦芽、淀粉酶）糖化、浓缩制成的一种半透明的浅黄色液体。主要成分是麦芽糖和糊精，少量的水分、葡萄糖及微量蛋白质、矿物质等，相对甜度为 32 ～ 46，焦化点较低（110 ℃），在面胚焙烤时易使食品着色，获得良好的色泽。

③淀粉糖浆。淀粉糖浆又称葡萄糖浆、糖稀，是玉米淀粉经酸水解后，经脱色、浓缩而成的一种黏稠液体，其主要成分是葡萄糖、糊精、多糖类及少部分寡糖和麦芽糖。相对甜度为 68 ～ 74，甜味温和、易被人体消化吸收，可代替少量蔗糖。

淀粉糖浆可以改善面筋性能、使食品质地均匀柔软，改善面团结构、增大食品体积、延缓淀粉老化、提高食品滋润性、使食品易于着色，还具有抗蔗糖冷结晶的作用。

④果葡糖浆。淀粉→葡萄糖→（异构酶）果糖 + 葡萄糖。其中果糖是天然糖中最甜的糖，糖度为蔗糖的 1.5 倍。果葡糖浆为无色、澄清透明的液体，甜味纯正，无异味。具有一定的发酵性、渗透压、保温性、贮藏性和很好的色、香、味，能使食品获得美观的色泽、良好的风味，并使食品柔软，贮藏过程中不易变干。

⑤蜂蜜。蜂蜜主要成分是转化糖，果糖含量 37%，葡萄糖含量 36%、蔗糖含量 2%、水分含量 18%。具有少量蛋白质、糊精、果胶、蜂蜡、有机酸、维生素、矿物质和微量芳香物质等。营养价值较高，并能赋予食品良好的风味，多用于某些糕点的制作，价格较高。

⑥其他甜味剂。一些甜味剂虽已不属于糖的范围，但在我国砂糖缺少时，常用作糖的代用品。有的因为具有特殊的疗效或有改善食品品质的特殊性质，已越来越多地受到重视。

a. 天然甜味剂。天然甜味剂包括木糖和木糖醇、山梨糖醇、甜菊苷等。

木糖和木糖醇。纤维素物质（如锯木屑）用酸水解后，再经发酵除去葡萄糖，然后浓缩，即可得到木糖。木糖是无营养的甜味剂，甜度为蔗糖的 40%，常用于无营养食品和糖尿病患者使用的疗效食品。用还原木糖的方法还可以得到另一种甜味剂——木糖醇。木糖醇的热量与蔗糖相似，甜度略高于蔗糖，可以作为人体能源物质。但其代谢不影响糖原的合成，故不会使糖尿病患者因食用而增加血糖值，可作为糖尿病患者使用的疗效食品。另外，由于它不能为酵母菌和细菌所发酵，因此还有防龋齿的效果。

山梨糖醇。在低热能食品和糖尿病、肝病、胆囊炎患者食品中，山梨糖醇是蔗糖的良好代用品。山梨糖醇的甜度为蔗糖的 60%。由于山梨糖醇在溶解时吸收热量，所以食用时给人以清凉的甜味感。山梨糖醇的吸湿性强，能在糕点类食品中发挥干燥作用，延缓淀粉老化。它还有不褐变、耐热、耐酸等优点，在面包、糕点类食品中的用量一般为 2%～5%。

甜菊苷。甜菊苷是在原产于南美的菊科植物甜叶菊中提取的，味感与蔗糖相似，但存留时间比较长。甜味约为蔗糖的 300 倍，是近期发展较快的产品。由于它的热稳定性好可广泛用于饮料、罐头、糕点、糖果等。

b. 合成甜味剂。合成甜味剂包括安赛蜜、甜蜜素等。

（2）糖在焙烤食品中的作用有以下几个方面。

①给食品适当的甜味。

②改善食品的色、香、味。在面包、饼干或其他焙烤成熟的食品中，由糖参与的焦糖化反应和美拉德反应，可使食品表面形成金黄色或棕黄色，并产生诱人的焦香味。

③改善食品的组织状态。适当的含糖量可使饼干的起发度增强，使食品质地疏松。糖在糕点中起到骨架作用，能改善糕点的组织状态，使外形挺拔。对于用糖量较高的糕点、饼干，焙烤中容易向四面摊开，使食品酥松硬脆。

因为糖有吸湿性，可以保持某些食品内部的柔软性。

糖可以保持面包的柔软性，抑制产品老化。糖虽然本身不是柔性材料，但含糖多的面包在焙烤时着色快，可以缩短焙烤时间，因而可以保存更多的水分于面包内，使面包柔软。糖少的面包由于焙烤时间长，成品干硬，所以叫硬式面包。

④调节面筋的胀润度。面粉在搅拌作用下吸水形成面团时，主要是依靠蛋白质胶粒内部浓度造成的渗透压使水分子进入到蛋白质分子中去的。如果在面团中加入一定量的糖或糖浆，它不仅会吸收蛋白质胶粒之间的游离水分子，而且会使蛋白质胶粒外部浓度增加，对胶体内部的水分会产生反渗透作用。因此，过多地使用糖会使面团的吸水力降低，妨碍面筋的形成，因此糖在面团搅拌中起到的是反水化作用。这一点和酥性面团密切相关。一般酥性面团配糖量要高，使面团中面筋胀润到一定程度，便于操作，并可避免由于面筋胀润过度而引起的饼干收缩变形。

⑤对面团吸水率和搅拌时间产生影响。正常用量的糖对面团吸水率影响不大，但随着糖量的增加，糖的反水化作用也变得强烈。大约每增加 1% 的糖，面团的吸水率就会降低 0.6%。高糖面团若不减少水分或延长搅拌时间，那么面团搅拌不足，面筋不能充分扩展，产品体积小，内部组织粗糙。

在面包生产中，糖的用量最好不大于 30%，用糖过多，面筋未能充分扩展，会使产品体积小，组织粗糙。在制作高糖面包时，应适当延长搅拌时间或采用高速搅拌机，搅拌时间要比低糖面团增加 50% 左右。

⑥作为酵母的营养物质。糖是供给酵母营养的主要来源。几乎所有的糖都可以在酶的作用下分解为葡萄糖和果糖，酵母就是利用它们进行发酵的。发酵后的最终产物为二氧化碳和酒精。在发酵食品生产中，配料中加入一定量的糖，作为酵母发酵的主要能量来源，有助于酵母繁殖和发酵。但糖的渗透压大，加糖量在小于 6%（以面粉计）时

可促进面团发酵，超过 6% 时则对酵母的活性有抑制作用。中高档点心面包中加糖量较多，可达 15% ～ 20%，一般通过延长发酵时间或采用二次发酵法来完成发酵过程。

⑦提高食品的营养价值。糖的产热量较大，且极易被人体消化吸收，可有效地清除人体的疲劳，补充人体的代谢需要。此外，有些糖还含有多种营养素，是良好的营养物质。

⑧延长食品的货架寿命。糖的高渗透压作用，可抑制微生物的生长和繁殖，从而能增强糕点的防腐能力，延长货架期。

糖是一种天然抗氧化剂，含糖量高的产品中氧的溶解度大幅度下降，糖对食品中油脂的稳定性起保护作用，对于含油较多的饼干、点心具有一定的防油脂氧化酸败的作用。

由于糖具有吸水性和持水性，可使面包、糕点在一定时期内保持柔软。但含有大量葡萄糖和果糖的各种糖浆不能应用于酥类食品，否则吸湿返潮而失去酥性口感。

4. 乳与乳制品

乳与乳制品因为具有很高的营养价值、良好的加工性能及特有的奶酪香味，是高档焙烤食品（高档面包、饼干等）的重要原料之一。常用的乳与乳制品有鲜奶、奶粉、炼乳、干酪、食用干酪素等。乳与乳制品在焙烤食品中主要有以下几方面的作用。

（1）增进食品的风味及色泽（改善食品的色、香、味）。乳与乳制品中含有乳糖，在食品焙烤时发生焦糖化作用和美拉德反应，使产品上色较快，食品表面产生特别诱人的棕黄色并有光泽，同时产生特别的香味。乳与乳制品可使食品具有乳品所特有的奶香味。此外乳品中微量的叶黄素、乳黄素及胡萝卜素等色素物质，对改善食品色泽也有一定的作用。因此，在焙烤食品中添加乳品，可以提高食品的风味及色泽。

（2）提高食品的营养价值。面粉是焙烤食品的主要原料，但面粉在营养上的先天不足使赖氨酸十分缺乏，维生素含量相对较少。乳与乳制品都是营养丰富的食物，乳品中含有丰富的蛋白质和几乎所有的必需氨基酸、乳脂肪、糖类、多种维生素和矿物质等营养物质。特别是乳蛋白的营养价值较高，消化吸收率较高。因此，在焙烤食品中添加乳品，可以提高食品的营养价值。

（3）改善面团的加工性能。乳品中含有较多的磷脂，使其成为一种良好的乳化剂，具有改善面团胶体性能、促进油水乳化。乳粉中含有的大量蛋白质可提高面团的吸水率、搅拌耐力和发酵耐力，调节面团胀润度、增强面团筋力和面团强度等功能。特别是对于低筋面粉，效果更为明显。因此，在焙烤食品中添加乳品，能防止面坯收缩变形，使食品中心柔软，外形完整，花纹清晰，表面光滑而且有光泽。

（4）改善食品组织结构。由于乳粉增强了面筋筋力，改善了面团的发酵耐力和持气性，因而含有乳粉的食品组织均匀、柔软、疏松并富有弹性。

（5）防止氧化，延缓食品老化。乳酪蛋白中的巯基（–SH）化合物具有抗氧化效果。添加乳粉增加了面团的吸水率和成品面包体积，使食品老化速度减慢，改善了食品的贮藏性能。

（6）乳品具有起泡性。在低温搅拌时，乳品的泡沫会逐渐减少，在 21 ～ 27 ℃达到最低点。在乳脂肪的熔点以上搅拌时，泡沫会增加。搅拌乳品或奶油使乳脂肪同空气强烈混合，无数细小的气泡充满在乳脂肪中，形成具有一定稳定性的泡沫，这一性质在焙烤食品中广泛应用。

乳品添加过多，会使面团发黏、粘辊、粘模具，给操作带来困难。

5. 蛋与蛋制品

蛋制品是生产面包、糕点的重要原料。尤其是蛋糕、杏元饼干、蛋卷、小蛋黄饼干、鸡蛋面包等用量较大。蛋品中用量最多的是鸡蛋、鸭蛋。蛋制品的原料类型有带壳鲜蛋、冰蛋、全蛋粉、蛋清粉、蛋黄粉等。鹅蛋因有异味，很少使用。蛋与蛋制品在焙烤食品中有以下几方面的功能。

（1）改善食品的色、香、味并提高营养价值。在面包、糕点的表面涂上一层蛋液，经焙烤后，呈现诱人的金黄色，表皮光亮，外形美观（美拉德反应）。加蛋的面包、糕点成熟后具有悦人的蛋香味，并且结构疏松多孔，体积膨大而柔软。蛋与蛋制品的加入，有助于提高食品的营养价值。

（2）蛋的凝固性利于食品的成型。蛋白对热敏感，在热的作用下可变性凝固，形成坚实的结构，不仅可协助面粉形成食品的骨架，而且有利于食品的成型。对筋力弱的面粉，或添加豆面的面粉，生产挂面时，可加入适量的蛋液来强化食品的骨架结构。蛋糕的柔软、膨松结构主要取决于蛋的多少和蛋的搅拌质量。

（3）蛋白的起泡性使食品疏松、有弹性和韧性。蛋白是一种亲水胶体，具有良好的起泡性，在糕点生产中具有特殊意义，尤其是在西点的装饰方面。蛋白经过强烈搅打，可将混入的空气包围起来形成泡沫，在表面张力的作用下，泡沫成为球形。由于蛋白胶体具有黏性，将加入的其他辅料附着在泡沫的周围，使泡体变得浓厚坚实，增强了泡沫的机械稳定性。

蛋制品是一种很好的膨松剂，具有特殊的酥松结构，当蛋制品在面团中混合后，能使面团具有更高的气体包含能力。空气在面团内形成细小的蜂窝组织，食品在焙烤时，泡沫内气体受热膨胀，增大了产品体积，使食品疏松多孔并且具有一定弹性和韧性。

（4）提供乳化作用。蛋黄中磷脂含量较高，磷脂具有亲油和亲水的双重性质，是一种理想的天然乳化剂。它能使油、水和其他原料均匀地分布在一起，促进食品组织细腻，质地均匀，疏松可口，并具有良好的色泽。目前，国内外焙烤食品工业广泛使用蛋黄粉来生产面包、糕点和饼干。在使用时，可将蛋黄粉和水按 1∶1 的比例混合，搅拌成糊状，添加到面团或面糊中。

6. 食盐

食盐是日常生活中必不可少的调味料，也是制作焙烤食品的基本配料之一，虽然用量不大，但对食品品质的改良作用明显。食盐主要有以下几方面的作用。

（1）提高面食的风味。食盐是一种咸味剂，咸是百味之首。盐与其他风味物质相互协调、相互衬托，咸味对其他风味有调节作用，使产品的风味更加鲜美、柔和。少量食盐可使酸味增强，大量食盐可使酸味减弱，微量食盐可增加鲜味和甜味，但用多时会变苦。

（2）调节控制发酵速度。在面团中添加适量的食盐，有利于酵母的生长繁殖，从而可以加速面团的发酵。食盐的用量超过 1% 时，就能产生明显的渗透压，对酵母发酵有抑制作用，降低发酵速度。因此，可通过增加或减少食盐的用量，来调节控制面团发酵速度。

（3）增加面筋筋力和弹性。少量的食盐（1.0% ～ 1.5%）能增强面筋的筋力和弹性强度，增加面包的持气能力。可以使面筋质地细密，增强面筋的主体网状结构。

面团中加入适量的食盐，可抑制蛋白酶的活性，减少对面筋性蛋白的破坏；食盐还可以增强面筋的吸水能力；食盐与面筋蛋白直接作用，可以降低蛋白质的溶解度，从而提高蛋白质的生成率，并使面筋质地细密，弹性和韧性增强，使面团的持气能力提高。

（4）改善面食的内部色泽。实践证明，添加适量食盐制作出来的面包、馒头，其瓤心比不添加食盐的白，并且有光泽，使面包组织细密，蜂窝壁薄而透明，从而可以刺激人的食欲。

食盐的添加量应根据所使用面粉的筋力，配方中糖、油、蛋、乳的用量及水的硬度而具体确定。食盐一般是在面团即将形成时添加。

7. 膨松剂

在焙烤食品生产过程中，用以使食品体积增大、产生疏松特性的物质称为疏松剂，又称膨松剂。按来源不同可分为化学膨松剂和生物膨松剂。

（1）化学膨松剂。通过化学反应产生二氧化碳气体或氨气，使产品体积膨胀、口感酥松的化学物质，被称为化学膨松剂。按化学成分的不同可分为碱性膨松剂和复合膨松剂。

①碱性膨松剂。应用最广泛的是碳酸氢钠和碳酸氢铵。

②复合膨松剂。一般由三部分组成，第一部分是碳酸盐，用量占 20% ～ 40%，其作用是产生气体；第二部分是酸性盐或有机酸，用量占 35% ～ 50%，其作用是与碳酸盐反应，控制反应速度，调整食品的酸碱度，还可用作膨松剂；第三部分是助剂，即淀粉、脂肪酸等，用量占 10% ～ 40%，其作用是改善膨松剂的保存性，防止其吸潮失效，调节气体产生的速率或使气泡均匀产生。

（2）生物膨松剂，即酵母。

①酵母的分类。酵母可分为鲜酵母、活性干酵母和即发活性干酵母。

a. 鲜酵母，又称压榨酵母，是酵母菌种在糖蜜等培养基中经扩大培养和繁殖、分离、压榨而成的。一般为长方形块状，淡黄色或乳白色。

b. 活性干酵母，由鲜酵母经低温干燥而制成的颗粒酵母。

c. 即发活性干酵母，在活性干酵母的基础上添加了活性催化剂，使发酵力增强。

②酵母的作用。酵母的作用可分为三方面。

第一，使食品变得疏松。其主要作用是将可发酵的碳水化合物转化为二氧化碳和酒精，产生的二氧化碳会使面包的体积膨大，产生疏松、柔软的结构。

第二，改善食品风味。发酵过程中产生的酒精和乳酸等，在高温下会生成有香气的酯类物质，增加食品的风味和香味。

第三，增加食品的营养价值。发酵过程中产生的蛋白酶会分解面粉中的蛋白质，使其易于消化吸收，同时酵母自身也有一定的营养价值。

8. 其他辅助料及添加剂

为了有利于焙烤食品工艺操作和提高产品质量，焙烤食品生产中使用的其他辅助料及添加剂还有乳化剂、氧化剂、增稠剂、抗氧化剂、香精香料和食用色素等。

二、材料准备

（一）查阅焙烤食品原辅料种类及作用的资料

焙烤食品原辅料主要包括面粉种类、油脂、乳、蛋、食品添加剂等。

（二）记录不同焙烤食品原辅料的区别

焙烤食品主要包括面包、蛋糕、饼干等。

（三）查阅辨别面粉种类的资料

辨别面粉主要包括面粉筋度、蛋白质含量、麸皮含量、颜色差异等。

三、人员准备

人员分组，每组 5 人。明确职责分工。

人员分工表

任务角色	任务内容
组长：	任务：
组员 1：	任务：
组员 2：	任务：
组员 3：	任务：
组员 4：	任务：

任务实施

一、实施内容

明确要调查的项目，确定要运用什么样的办法来辨别面粉种类，明确面粉的种类、判断制作过程中面粉的各种状态、需要使用的材料等。

二、实施方法

认真思考如何才能获取更有价值的信息，通过哪些渠道获取信息资料，并对这些资料进行加工整理，形成可供妈妈选择的方案。

三、实施流程

第一步：深入了解焙烤食品的原辅料。
第二步：查找原辅料的相关性质。
第三步：查找可以使用的添加剂种类。
第四步：找到适合制作面包的面粉，并搭配好辅料。

任务检测

在线测试

任务评价

工作任务完成过程评价表

班级：__________ 组别：__________ 姓名：__________

项目	评分标准	自我评价	小组评价	教师评价
理论知识	（1）能分析面粉等原辅料的理化指标			
	（2）能分析原辅料在焙烤食品中的作用			
	（3）能准确选择原辅料，对原辅料进行预处理操作			
实操技能	（1）能够掌握不同添加剂的适用性			
	（2）能够有效利用网络、图书资源查找有用的相关信息，能将查到的信息有效地运用到学习中			
	（3）积极主动与教师、同学交流，相互尊重、理解。与教师、同学间能保持多向、丰富的信息交流			
	（4）能处理好合作学习和独立思考的关系，做到有效学习。能提出有意义的问题或能发表个人见解			

（续表）

项目	评分标准	自我评价	小组评价	教师评价
思政素养	（1）能从全局上筹划相关事项或行动的具体安排			
	（2）能够细致认真地分析资料			
合计				
自我评价与总结				
教师点评				

课程思政专栏

“科技与狠活”——食品添加剂

人类使用食品添加剂的历史与人类文明史一样悠久。我国食品添加剂的使用历史可以追溯到6 000年前的大汶口文化时期，当时酿酒用酵母中的转化酶（蔗糖酶）就是食品添加剂，属于食品用酶制剂；2 000多年前用“卤水”点豆腐，实质上卤水就是一种食品添加剂，属于食品凝固剂。近期，食品添加剂再度引发关注。为帮助消费者科学认识食品添加剂，特作如下科学解读。

食品添加剂是指为改善食品品质和色、香、味以及为防腐、保鲜和加工工艺的需要而加入食品中的人工合成或者天然物质。食品添加剂可以采用化学合成、生物发酵或者天然提取等方法生产制造。全球批准的食品添加剂数量约15 000种，我国目前批准使用的食品添加剂有2 300多种，按功能分为22个类别，常见的有抗氧化剂、膨松剂、着色剂、防腐剂、甜味剂、食品用香料等。食品添加剂的使用提升了产品品质，丰富了食品种类，满足了消费者对食品多元化的消费需求，没有食品添加剂就没有现代食品工业。

为保障消费者健康，联合国粮农组织和世界卫生组织下的食品添加剂联合专家委员会（JECFA）负责建立全球统一的食品添加剂食品安全风险评估原则和方法，并在国际层面开展食品添加剂的食品安全风险评估工作。国际食品法典委员会（CAC）建立了国际层面食品添加剂的使用标准（非强制）。我国作为国际食品添加剂法典委员会主持国，与国际接轨，结合本国食品添加剂的实际生产、使用情况和居民食物消费数据，开展食品添加剂食品安全风险评估工作。

超范围、超限量使用食品添加剂和添加非食用物质等“两超一非”的违法行为，才是导致食品安全问题发生的原因。“三聚氰胺”奶粉事件中三聚氰胺不是食品添加剂！“苏丹红鸭蛋”事件中苏丹红也不是食品添加剂！“毒鸭血”事件中福尔马林更不是食品添加剂！对食品而言属于非法添加物。《中华人民共和国食品安全法》中明令禁止生产经营超范围、超限量使用食品添加剂的食品；用非食品原料生产的食品或者添加食品添加剂以外的化学物质和其他可能危害人体健康物质的食品。食品添加剂与非法添加物是完全不同的，消费者不必刻意回避食品添加剂，应科学理性看待。为进一步打击在食品生产、销售、餐饮服务中违法添加非食用物质和滥用食品添加剂的行为，全国开展了一系列专项整治措施，十年来陆续发布六批《食品中可能违法添加的非食用物质和易滥用的食品添加剂名单》，目前相关名录在进一步完善中，保障消费者“舌尖上的安全”。（来源：中国食品药品监管微信公众号）

○【启示】食品添加剂在合法使用的情况下是安全的。迄今为止，我国对人体健康造成危害的食品安全事件没有一起是由于合法使用食品添加剂造成的。使用食品添加剂的关键在于使用量，抛开剂量谈危害，都是不科学的。任何食品添加剂在规定的范围和用量下使用不仅是安全的，也是必要的。

任务二 面包加工

任务导入

面包是西点的一大类，它的制作是以高筋面粉为主要原料，利用酵母的发酵作用来进行膨松，最后得到松软而富有弹性的食品。面包是西方人的主食，其特点是营养丰富、易于消化和食用方便。

请根据上一个任务查找到的资料与学习到的知识，协助妈妈制作面包。

任务工单

班级：__________ 姓名：__________ 学号：__________

任务名称	面包加工
任务描述	根据实际情况，填写本任务的内容、目的、流程和方法。 任务内容：__________ __________ 任务目的：__________ __________ 任务流程：__________ __________ 任务方法：__________ __________
获取信息	要完成任务，需要掌握相关的知识。请你搜集资料，回答以下几个问题。 （1）加工面包应该选择什么样的面粉？ （2）加工面包的流程有哪些？ （3）影响酵母生长活性的因素有哪些？ （4）面团发酵的工艺要求有哪些？

（续表）

<table>
<tr><th>任务名称</th><th colspan="4">面包加工</th></tr>
<tr><td>获取信息</td><td colspan="4">（5）如何判断发酵是否完成？</td></tr>
<tr><td>制订计划</td><td colspan="4"></td></tr>
<tr><td rowspan="6">任务实施</td><td colspan="4">按照预先制订的计划，完成本任务，并记录任务实施的过程。</td></tr>
<tr><td>序号</td><td>完成的任务</td><td>遇到的问题</td><td>解决办法</td></tr>
<tr><td></td><td></td><td></td><td></td></tr>
<tr><td></td><td></td><td></td><td></td></tr>
<tr><td></td><td></td><td></td><td></td></tr>
<tr><td></td><td></td><td></td><td></td></tr>
</table>

任务准备

一、知识准备

（一）面包制作的原理

面包是以小麦粉为主要原料，加以酵母、水、蔗糖、食盐、鸡蛋、食品添加剂等辅料，经过面团的调制、发酵、醒发、整形、烘烤等工序加工而成的食品。面团在一定的温度下经过发酵，面团中的酵母利用糖和含氮化合物迅速繁殖，同时产生大量二氧化碳，使面团体积增大，结构酥松，多孔且质地柔软。

（二）面包的分类

1. 按用途分类

（1）主食面包，顾名思义，即当作主食来消费的。主食面包中油和糖的比例较其他的产品低一些。根据国际上主食面包的惯例，以面粉用量作基数计算，糖用量一般不超过 10%，油脂用量低于 6%。其主要根据是主食面包通常是与其他副食品一起食用的，所以本身不必添加过多的辅料。主食面包主要包括平顶或弧顶枕形面包、大圆形面包、法式面包等。

（2）花色面包。花色面包的品种甚多，包括夹馅面包、表面喷涂面包、油炸面包圈及因形状而异的品种等几个大类。它的配方优于主食面包，其辅料配比属于中等水平。以面粉用量作基数计算，糖用量 12% ～ 15%，油脂用量 7% ～ 10%，还有鸡蛋、牛奶等其他辅料。与主食面包相比，其结构更为松软，体积大，风味优良，除面包本身的滋味外，尚有其他原料的风味。

（3）调理面包。调理面包属于二次加工的面包，烤熟后的面包再一次加工制成，主要品种有三明治、汉堡包、热狗等。实际上这是从主食面包派生出来的食品。

（4）丹麦酥油面包。这是近年来开发的一种新产品，由于配方中使用了较多的油脂，又在面团中包入大量的固体脂肪，所以属于面包中档次较高的产品。该产品既保持了面包特色，又近于馅饼（pie）及千层酥（millefeuille）等西点类食品。产品问世以后，由于酥软爽口，风味奇特，再加上香气浓郁，备受消费者的欢迎。

2. 按做法分类

（1）发酵面包。发酵面包中含有气孔，而发酵的效果是由制作面包的酵母产生的。例如，葡萄干面包和全麦面包就是发酵面包，比萨饼和汉堡也属于发酵面包。

（2）快速面包。制作快速面包所花的时间比发酵面包少。它们发酵的效果是由发酵粉，而不是由酵母引起的。例如，玉米面包、甜甜圈、松饼和薄饼都属于快速面包。

（3）平面包。这种面包就像它的名字一样，是平的。平面包包括墨西哥玉米饼皮、印度薄饼和中东皮塔饼。通常，它们都有用来填充馅和调味料的空隙。

3. 按柔软度分类

（1）硬式面包。如法国面包、荷兰面包、维也纳面包、英国面包，以及我国生产的赛义克、大列巴等面包。

（2）软式面包。如大部分亚洲和美洲国家生产的面包。著名的汉堡包、热狗、三明治以及我国生产的大多数面包均属于软式面包。

（三）工艺流程

工艺流程为原辅料的预处理→面团搅拌→发酵→整形制作→面团醒发→面包烘烤→面包冷却→包装→入库。

（四）操作要点

1. 原辅料的预处理

小麦粉作为面包加工的基础原料，应根据季节的不同适当调整其温度，夏季贮存于干燥、低温和通风的地方，以降低其温度；冬季应存放在温度较高的地方，以提高粉温。投料前应过筛，除去杂质，使它形成松散而细小的颗粒，还能混入一定量的空气，有利于面团的形成及酵母的生长繁殖，促进面团的发酵成熟。

酵母在使用前要检验是否符合质量标准。无论是鲜酵母，还是普通干酵母，在搅拌前一般均应进行活化。对于鲜酵母，应加入 5 倍酵母重量、30 ℃左右的水；对于干酵母，应加入约 10 倍酵母重量、40 ～ 44 ℃的水。活化时间 10 ～ 20 min，其间不断搅拌，使之形成均匀的分散液。为了增强发酵力，可以在酵母分散液中添加 5% 的砂糖，以加快酵母的活化速度。即发活性干酵母不需要进行活化，可直接使用。

硬度过大或极软的水都不适宜用作面包加工。硬度过大的水会增加面筋的韧性，延长发酵时间，使面包口感粗糙。极软的水会使面团过于柔软发黏，使面包塌陷。硬度过大的水可以加入碳酸钠，经沉淀后使用。极软的水可添加微量磷酸钙或硫酸钙。

投料要按顺序进行。先将水、糖、蛋、甜味剂、面包添加剂（除特殊说明外）置于和面机中充分搅拌，使糖和甜味剂溶化均匀，面包添加剂均匀地分散在水中。再将奶粉、即发干酵母混入面粉中，放入和面机搅拌成面团。当面团已经形成，但面筋还没有充分扩展时加入油脂，使油脂在面筋和淀粉之间的界面上形成一层润滑薄膜，与面筋紧密结合不分离，使面筋更为柔软，增加面团的持气性。一般在面团中的面筋已经扩展，但还没有充分扩展或面团调制完成前 5 ～ 6 min 加入盐。

适宜的面团温度是面团发酵的重要因素。应根据生产条件和季节变化调整面团的温度。影响面团温度的因素包括面粉和主要辅料的温度，室温、水温及搅拌时增加的温度等。一般是通过调节水温来调节面团温度。

2. 面团的搅拌

（1）搅拌的目的。搅拌能使各种原辅料混合在一起，并均匀地分布在面团的每一个部分，形成一个质量均匀的整体；加快面粉吸水、胀润形成面筋的速度，缩短面筋形成时间；扩展面筋，使面筋具有良好的弹性和伸展性，改善面团的加工性能。

（2）搅拌的过程。搅拌的过程可分为 6 个阶段。

①混合原料阶段。这阶段所有配方中干、湿性原料混合在一起，使其成为一个既粗糙又湿润的面团，这时面筋还未开始形成，用手触摸面团能感觉到很粗糙，无弹性和延伸性。

②面团卷起阶段。此时面筋开始形成，配方中的水分已全部被面粉吸收，由于面筋的形成，面团产生了强大的筋性，将整个面团结合在一起，所以不再黏缸，这时用手捏面团，会感觉到不是很粗糙，但是仍会粘手，没有延伸性，缺少弹性，而且易断裂。

③面筋扩展阶段。随着面筋不断地形成，面团表面已趋于干燥，而且较为光滑且有光泽，用手触摸时有弹性，并且柔软，拉面团时具有延伸性，但是仍易断裂。

④搅拌完成阶段。面团在此阶段，面筋已完全成型，柔软而且具有良好的延伸性。这是搅拌钩在转动时面团会黏附在缸的边侧，但当搅拌钩离开缸侧时，黏附在缸侧的面团又会随钩离去，并会发出噼啪的打击声和嘶嘶的黏缸声。此时面团的表面干燥有光泽且细腻无粗糙感。用手拉取面团时会有良好的伸展性和弹性，并且能拉出一块很均匀的面筋膜。现在为搅拌的最佳阶段，即可停止、进行下一道工序。

⑤搅拌过渡阶段。如果在搅拌完成阶段时还不停止，而继续搅拌，面筋超过了搅拌耐力，就会逐渐打断。随着面团外表会再度出现含水的光泽，出现黏性，如停止搅拌面团则会向四周流泻，用手拉面团时没有弹性和延伸性，且很黏手，这会严重地影响面包的质量。

⑥面筋打断水化阶段。若继续搅拌下去，面团就开始水化，越搅越稀且流动性很大，用手拉面团时，手掌上会有一丝丝的线状透明胶质出现，这时面筋已彻底被破坏，不能再用于制作面包了。

3. 面团发酵

面团发酵是一个十分复杂的微生物学和生物化学变化过程。面团发酵过程中，酵母大量繁殖，产生二氧化碳气体，促进面团体积膨胀；改善面团的加工性能，使之具有良好的延伸性，降低弹性，为面包的最后醒发和烘烤时获得最大体积奠定基础；使面团和面包得到疏松多孔、柔软似海绵的组织和结构；从而使面包具有诱人的芳香风味。

不同的发酵方法，发酵工艺条件是不同的。对两次发酵法来说，第一次调粉后，一般只需要在 27 ～ 29 ℃下发酵 4 h，第二次调粉后，在 28 ～ 32 ℃下发酵 1 h 左右。

发酵适度的面团称为成熟面团，未成熟的称为嫩面团，发酵过度的称为老面团。用成熟面团制得的面包，皮薄，有光泽，瓤内的蜂窝壁薄、半透明，有酒香和酯香味。

用成熟度不足的嫩面团烘烤出来的面包，皮色淡，有皱纹，灰白色，无光泽，蜂窝壁薄，有大气泡，有酸味和不正常的气味。

判别面团成熟度的一种方法是用手指轻轻插入面团内部，抽出手指后，四周面团不再向凹处塌陷，被压凹的面团也不立即恢复原状，仅在凹处周围，略有下落，这是适度成熟的面团；如果被手指压下的面团，很快恢复原状，这是未成熟的面团；如果凹处面团随手指离开而很快塌陷，这是成熟过度的面团。

另一种判别方法是用手将面团撕开，如内部呈丝瓜瓤子状，说明面团已经成熟。如果用手握面团，手感发硬或粘手，说明面团是未成熟的；手感柔软且不粘手就是成熟适度；如果面团表面有裂纹或有很多气孔，说明面团成熟过度。

4. 整形制作

将发酵好的面团做成一定形状的面包胚，称为整形。面团整形包括切块、称量、滚圆、中间醒发、成型、装盘（装模）等工序。

（1）面团的切块和称量是按照成品的重量要求，把发酵好的大块面团切割成小块面团，并进行称量。由于面团仍在发酵过程中，所以切块和称量必须在限定时间内完成。确定面包坯重量时要考虑烘焙中将损失 10% ～ 20% 的重量。小厂用手工切块，大厂用切块机切块。

（2）滚圆，把分割得到的一定质量的面团，通过手工或特殊的机器——滚圆机，搓成圆形。

切块后的面团不能立即进行整形，而是要进行滚圆，使面团外表有一层薄的表皮，以保留所产生的气体，使面团膨胀。同时，光滑的表皮，有利于以后工序机器操作中不会被黏附，烘烤出的面包表皮也光滑好看，内部组织颗粒均匀。在滚圆操作中，要注意的是撒粉不要太多，防止面团分离。用机器操作时，除撒粉不要太多外，还要尽量均匀，以免面包内部有大的孔洞或出现条状硬纹。

（3）中间醒发亦称静置。小块面团搓圆后，排除了一部分气体，内部处于紧张状态，面团缺乏柔软性，如果立即成型，面团表面易破裂，内部将裸露出来，不利于保持气体。静置一会儿，使面团得到松弛缓和，以利于后面的压片；通过酵母产气，调整面筋的延伸方向，压片时不易破坏面团的组织状态，又可增强持气性；使面团表面光滑，易于成型操作。

中间醒发 12 ～ 18 min，温度 27 ～ 29 ℃，相对湿度 70% ～ 75%。

（4）成型分为手工成型和机械成型。各式花色面包多用手工成型。产量大的主食面包的生产采用机械成型。机械成型的操作一般分为 3 个步骤，首先将圆面团滚压成椭圆形薄片，厚度一般为 6 mm 左右，其次卷成圆柱体，最后圆柱体面团经过压板，较松的面团被压紧，同时面团的接缝也被黏合好。

（5）装盘（装模）就是将成型后的面团装入烤盘（烤模）内，然后送去醒发室醒发。

5. 面团醒发

醒发的目的，是使面团重新产气、膨松，以得到制成品所需的体积，并使面包成品有较高的食用品质。

醒发室温度一般控制在 35 ～ 39 ℃，含油比较多的品种控制在 23 ～ 32 ℃。相对湿度控制在 80% ～ 90%，以 85% 为宜。醒发时间在 55 ～ 65 min，与酵母用量、醒发温度、面团成熟度、成型时的排气程度等有关。

醒发程度的判断，一是观察体积。面包坯入炉后，体积还将增长 20% 左右，所以，醒发时膨胀到 80% 即可。二是观察面包坯的膨胀倍数。一般以醒发到面包坯原来体积的 2 ～ 3 倍时为宜。三是观察面包坯的柔软度和透明度。在醒发前，面包坯不透明，触感硬。醒发适度，面团表面呈半透明薄膜状。如果醒发过度，用手一触面团即破裂，跑气塌陷。

6. 面包烘烤

醒发好的面包坯送入烤炉，在热的作用下，制成结构疏松、易于消化、具有特殊香气的面包。此间，发生了一系列的变化。

面包坯入炉后，面团醒发时积累的二氧化碳和入炉后酵母最后发酵产生的二氧化碳及水蒸气、酒精等受热膨胀，产生蒸气压，使面包体积迅速增大。随着温度的不断提高，体积的增长速度减慢，最后停止增加。面包体积的这种变化，是物理、微生物学、生物化学和胶化学性质变化的结果。当面包坯温度达到 35 ～ 40 ℃时，发酵活动达到高潮，45 ℃以后产气能力下降，50 ℃以后，发酵活动停止，酵母开始死亡。在加热过程中，面包各层的温度是不同的。面包皮的温度会超过 100 ℃，而面包瓤的温度到不了 100 ℃。

在面包的烘烤过程中，面包坯中的水分会大量蒸发。面包皮不断形成与加厚，直至面包成熟。当烘烤结束时，原来水分均匀的面包坯变成了内部水分比较高的面包。面包坯中的淀粉随着温度的升高而逐渐吸水膨胀。当达到 55 ℃以上时，淀粉颗粒大量吸水膨胀，直至完全糊化，形成疏松多孔的面包结构。在 68 ～ 80 ℃，面包坯内同时发生着淀粉糊化和蛋白质变性凝固的过程。面筋蛋白质在 30 ℃左右胀润性最大，进一步提高温度，其胀润性下降，在 78 ～ 80 ℃时，面筋蛋白质变性凝固，面包定型。在烘烤过程中，面包坯内的淀粉酶活性一度增强，大量水解淀粉成为糊精和麦芽糖，使淀粉含量有所下降。淀粉水解产生的糖，一部分被用于酵母发酵，一部分保留在面包内。烘烤过程中，还发生部分蛋白质水解的过程。

随着烘烤过程的继续进行，由于糖与氨基酸发生反应，面包皮渐渐地变成金黄色或棕黄色，并具有面包特有的香味。糖与氨基酸发生反应的主体是美拉德反应，但焦糖化作用也是使面包皮着色的一种因素。随着烘烤时间的延长，面包颜色加深，香味成分的积累量也增多。

在烘烤中，面包的重量有损失。损耗的物质主要是水分，还有少量的酒精、二氧化碳、挥发性酸、醛等。损耗率也不相同，在 6% ～ 14%，一般是在 10% ～ 12%。

面包烘烤分为 3 个阶段。

（1）第一阶段。面包坯初入炉，炉内温度较低，相对温度较高（60% ～ 70%）。上火 120 ℃，下火 250 ～ 260 ℃，有利于面包体积的增长，时间 2 ～ 3 min。

（2）第二阶段。面包瓤温度达到 50 ～ 60 ℃，上下火同时提高温度，最高温度可达 230 ～ 240 ℃，面包开始定型。

（3）第三阶段。面包皮着色和增加香气，上火温度高于下火温度。上火 210 ～ 220 ℃，下火 140 ～ 160 ℃。炉温过高会把面包烤焦。

面包烘烤的时间相差很大。面包的重量越大，烘烤温度越低，烘烤时间越长。装模的面包比不装模的面包烘烤时间长。一般小圆面包只需 8 ～ 12 min，大面包需要 1 h 左右。适当延长烘烤时间有利于提高面包的质量。因为水解酶的作用时间长，面包中的糊精、还原糖和水溶物增加，面包的消化率提高。同时还有利于面包色、香、味的形成。

“三分做，七分烤”。烤炉的性能至关重要，一般应选择能控制上、下火温度并有加湿装置的烤炉。产量很大时，应选择隧道式电烤炉。产量不大时，可选用电烤箱。

7. 面包冷却

新出炉的面包温度高，皮脆瓤软，没有弹性。如果立即包装或切片，受到挤压或碰撞，必然造成断裂、破碎或变形。另外，由于温度高，易在包装物内结成水滴，使皮和瓤吸水变软，同时也会给霉菌繁殖创造条件。大面包会产生表皮皱纹现象。对于需要切片的面包，因为瓤内水分高而柔软，黏度大不宜切片。因此，面包出炉后必须经过冷却。

二、材料准备

（一）查阅面包加工的工艺流程资料

面包加工方法主要包括面团搅拌的方法、添加剂的使用、面团整形等。

（二）查阅发酵面包的资料

面包发酵主要包括发酵过程的参数、发酵终点的判断、面团醒发等。

（三）查阅面包制作过程中的问题及措施

面包制作过程中的问题主要包括面包颜色浅（或深）、面包体积过小、表皮龟裂、内部发白凹入、内部结构不均匀或有大孔洞等。

三、人员准备

人员分组，每组 5 人。明确职责分工。

人员分工表

任务角色	任务内容
组长：	任务：
组员 1：	任务：
组员 2：	任务：
组员 3：	任务：
组员 4：	任务：

任务实施

一、实施内容

明确要调查的项目，确定要运用的发酵面包的加工工艺，明确操作过程中的各项参数、需要使用的材料和设备、出现质量问题的应对措施等。

二、实施方法

认真思考如何才能获取更有价值的信息，通过哪些渠道获取信息资料，并对这些资料进行加工整理，形成可供妈妈制作面包的方案。

三、实施流程

第一步：深入了解面包的制作原理。
第二步：调查常见面包的加工工艺。
第三步：查阅发酵面包的加工工艺。
第四步：协助妈妈制作发酵面包。

任务检测

在线测试

任务评价

工作任务完成过程评价表

班级：________ 组别：________ 姓名：________

项目	评分标准	自我评价	小组评价	教师评价
理论知识	（1）了解面包制作的原理			
	（2）了解面包加工原辅料的选择和预处理的方法			
	（3）掌握面包食品常见质量问题的解决措施			
实操技能	（1）能够独立加工常见面包食品并解决加工过程中的常见质量问题			
	（2）能够有效利用网络、图书资源查找有用的相关信息，能将查到的信息有效地运用到学习中			
	（3）积极主动与教师、同学交流，相互尊重、理解。与教师、同学间能保持多向、丰富的信息交流			
	（4）能处理好合作学习和独立思考的关系，做到有效学习。能提出有意义的问题或能发表个人见解			
思政素养	（1）能从全局上筹划相关事项或行动的具体安排			
	（2）能够细致认真地分析资料			
合计				
自我评价与总结				
教师点评				

课程思政专栏

“世界上最会做面包的人”

面包，虽然是西方的传统主食，但像吐司、法棍、贝果、牛角包、碱水包等西式面包，近些年来也开始走进中国人的生活。一般来说，做面包肯定是西方人的强项，但最近在第九届世界面包大赛上，中国队一举夺魁，首次拿下了这项赛事的冠军。

世界面包大赛，有“面包界奥林匹克”之称，2007年在法国创建，每两年一届。2023年10月25日，第九届世界面包大赛，在法国南特举办，来自15个国家和地区的选手们展示了各自独特的面包制作技艺。在仅8小时就要制作上百款面包的高压角逐后，中国队最终夺得冠军，而作为面包传统强国的东道主法国，位居第二名。法国当地媒体报道的标题是：震惊！中国人赢得著名的世界面包大赛！

在法国这个拿面包当主食，并创造出法棍的国度里，拿到面包制作的冠军，难度可想而知，水平也可想而知。有网友们评论这就好比“老外来中国包饺子拿了第一名”。那么在高手如云的国际大赛中，中国面包师为何能脱颖而出？接下来我们就来认识这位95后的小伙儿，世界面包大赛冠军——龚鑫。

一米高的熊猫造型，身背琵琶、唢呐，这款精致的面包就是龚鑫在比赛中制作的。同时，他制作的其他面包还获得本届赛事的最佳艺术面包奖。能够在世界赛场摘冠，他的成长历程并不轻松。在操作台前，龚鑫常常一站就是10个小时，手上被烤箱留下的烫伤也成为他技艺逐渐精湛的见证。从全国冠军，再到国际冠军，他被手下的面团“锤炼”了多年。他在打磨自己制作水平的同时，也将技艺带回学院，传授给更多的学生。“如果这世界上真有奇迹，那只是努力的另一个名字。”正是这种数十年如一日的努力和对技艺的卓越追求，才造就了中国面包师们取得的耀眼成就。近一段时间，中国面包师们在国际西点大赛上可谓是捷报频传。

除龚鑫团队在法国历史性拿下世界面包大赛冠军外，10月24日，冯英杰、林业强等组成的中国队在德国成功卫冕IBA世界面包锦标赛冠军。10月13日，中国选手吕浩然在意大利米兰获得提拉米苏世界锦标赛冠军。

青稞“逆袭”，从高原风味到国际美食，“中国面包国家队”屡次在世界大赛中绽放光芒，除精湛的技艺和巧妙的创新外，还融入了诸多中国传统文化元素和中国特色食材，其中就有一个独门“秘方”，那就是青稞面的使用。青稞是大麦的一种，主要种植在西藏、青海、四川、云南等地区，过去因产量低，一直是一种“糊口粮”。青稞不仅富含膳食纤维及多种维生素和微量元素，而且用于制作面包时还可以改善咀嚼的口感。如今，以青稞为原料制成的酒品、面包等已远销海外，深受当地市场欢迎。（来源：北方网）

○【启示】榜样的力量是无穷的，立足行业人物典型，激发学习的积极性。随着国家对技能人才的重视，特别是近几年，随着我国在世界技能大赛中项目参与得越来越多，烘焙行业也涌现出了行业“明星”，实现了国家在这个赛事中金牌零的突破，受到了高规格的奖励，未来技能人才大有可为，为实现技能强国贡献自己的力量。

任务三 饼干加工

任务导入

饼干最简单的产品形态是单纯的用面粉和水混合的形态，在公元前 4 000 年左右古代埃及的古墓中被发现。而真正成型的饼干，则要追溯到公元 7 世纪的波斯，当时制糖技术刚刚被开发出来，并因为饼干而被广泛使用。一直到了公元 10 世纪左右，随着阿拉伯人对西班牙的征服，饼干传到了欧洲，并从此在各个基督教国家中流传。到了公元 14 世纪，饼干已经成了全欧洲人最喜欢的点心，从皇室的厨房到平民居住的大街，都弥漫着饼干的香味。

现代饼干产业是 19 世纪时因发达的航海技术进出于世界各国的英国开始的，在长期的航海中，面包因含有较高的水分不适合作为储备粮食，所以发明了一种含水量很低的面包——饼干。

现在市面上有各种各样的饼干食品，请你学习酥性饼干的制作方法，并设计出一种新型饼干食品。

任务工单

班级：__________ 姓名：__________ 学号：__________

任务名称	酥性饼干加工
任务描述	根据实际情况，填写本任务的内容、目的、流程和方法。 任务内容：__________ __________ 任务目的：__________ __________ 任务流程：__________ __________ 任务方法：__________ __________
获取信息	要完成任务，需要掌握相关的知识。请你搜集资料，回答以下几个问题。 （1）饼干加工所需要的原料有哪些？ （2）饼干加工的流程有哪些？

（续表）

<table>
<tr><th>任务名称</th><th colspan="4">酥性饼干加工</th></tr>
<tr><td>获取信息</td><td colspan="4">（3）典型饼干的制作方法有什么不同？

（4）如何使用糖油半合法调制酥性面团？</td></tr>
<tr><td>制订计划</td><td colspan="4"></td></tr>
<tr><td rowspan="6">任务实施</td><td colspan="4">按照预先制订的计划，完成本任务，并记录任务实施的过程。</td></tr>
<tr><td>序号</td><td>完成的任务</td><td>遇到的问题</td><td>解决办法</td></tr>
<tr><td></td><td></td><td></td><td></td></tr>
<tr><td></td><td></td><td></td><td></td></tr>
<tr><td></td><td></td><td></td><td></td></tr>
<tr><td></td><td></td><td></td><td></td></tr>
</table>

任务准备

一、知识准备

（一）饼干的概述

饼干是以面粉、糖、油脂等为主要原料经面团调制、辊轧、成形、烘烤等工序制成的方便食品，口感酥松、营养丰富、水分含量少、体积轻、块形完整，便于包装携带而且耐贮存，已作为军需、旅行、野外作业、航海、登山等多方面的重要主食品。

（二）饼干的分类

根据工艺特点，饼干的分类方法有两种：第一种是以原料的配比来分，有粗饼干、韧性饼干、酥性饼干、甜酥性饼干和发酵（苏打）饼干等；第二种是以产品的结构和造型来分，有冲印饼干、辊印饼干、辊切饼干、挤压饼干、挤条饼干、挤浆饼干和挤花饼干等。目前，我国已对饼干分类制定了标准，本教材参考 GB/T 20980—2021《饼干质量通则》，下面介绍其中主要的几种。

1. 酥性饼干

以面粉、糖、油脂为主要原料，加入膨松剂和其他辅料，经冷粉工艺调粉、辊印或辊切成形，烘焙而成的造型多为凸花，断面结构呈多孔组织，口感疏松的焙烤食品。酥性饼干配方中的油、糖比一般为 1 ：（1.35 ～ 2.00），因为其要求有较高的膨胀率，所以一般应用强力粉。

此类产品与其他产品的区别在于其面团缺乏延伸性和弹性。面粉或其他一些谷类粉料是主要原料，面团中所含脂肪和糖的数量使面团产生可塑性、黏结性，形成最少的面筋网络。酥性配方中脂肪和糖的数量相对较高。

2. 韧性饼干

以面粉、糖、油脂为主要原料，加入膨松剂、改良剂及其他辅料，经热粉工艺调粉，辊压或辊切、冲印成形，烘焙而制成的造型多为凹花，外表光滑、平整；一般有针眼，断面结构有层次、口感松脆的烘焙食品。韧性饼干配方中的油、糖比较一般为 1 ：2.5 左右，因为其要求有较高的膨胀率，所以一般应用强力粉。

韧性饼干的特征是面团中含有充分扩展的面筋网络，但是随着糖和脂肪含量的增加，面筋的弹性降低，延伸性增加，口感介于坚硬和脆弱之间。

3. 发酵饼干

以面粉、油脂为主要原料，以酵母为膨松剂，加入各种辅料，经调粉、发酵、辊压成形，烘焙而成的松脆且具有发酵食品特有香味的烘焙食品。

4. 曲奇饼干

以面粉、油脂、糖、乳制品为主要原料，加入其他辅料，经调粉并采用挤注、挤条、钢丝切割方法中的一种形式成形、烘焙而制成的具有立体花纹或表面有规则波纹的酥化焙烤食品。

（三）工艺流程

工艺流程为原辅料预处理→面团调制→面团辊压→成型→烘烤→冷却→整理→包装→入库。

（四）操作要点

1. 面团调制

酥性或甜酥性面团，俗称冷粉。要求具有较大程度的可塑性和有限的黏弹性。酥性饼干的原辅料主要为面粉、砂糖、起酥油、食盐、碳酸氢钠、碳酸铵、酒石酸、酵母粉、可可粉、转化糖、酸性磷酸钙、色素和香料等。调制酥性面团，在调粉操作前要将面粉以外的原辅料混合成浆状的混合物（辅料预处理），再与面粉和水混合成面团。对于乳粉、面粉等易结块的原料要预先过筛。在辅料预混时应注意：当脂肪、乳制品较多时，应适当添加单甘油磷酸或卵磷脂。

由于面筋的形成是水化作用的结果，所以控制加水量也是控制面筋形成的重要措施之一。加水多的面团，容易形成面筋，为了阻止面筋形成，必须缩短调粉时间。较硬的面团，即水分少的面团，调粉时间可以长一些，面筋既不能形成过度又不能形成不足。在水分少的情况下，如果调粉时间太短，面团将是松散的团絮状。在糖、油等辅料较少的面团调制时，应减少水量以抑制面筋的形成，这样得到的面团会稍硬一些。在糖、油较多的面团调制时，即使多加水，面筋的形成也不宜过度。

加工机械的特性对面团的物理性要求不同。辊印成形方法的面团，由于不形成面皮，无头子分离阶段，它是将面团直接压入印模成形，过软的面团反而会造成充填不足、脱模困难等问题。因此，控制面筋形成程度是调粉的关键，而加水量则是与面筋形成有直接关系的关键因素，加水量过多，非常容易使面筋形成过度，造成难以补救的损失。

机械地捏合和搅拌会促进面筋的形成，因此，控制调粉时间是控制面筋形成程度和限制面团弹性的又一重要的因素。调粉时间短，则面筋形成不足，面团发黏，拉伸强度低，甚至无法压成面皮，不仅操作困难而且严重影响产品质量（胀发力低，结构不酥松，易摊开）。在原料配比一定时，掌握好调粉时间是使面团性质稳定的重要手段，在原料成分一定、预混状态一定的情况下，调粉也可根据实验选出最佳时间以适应大量稳定的生产。但在实际生产中，往往原料的性质，尤其是面粉的性质变动较大，还有一些变动因素如室内温度，使得调粉时间要视捏合时的具体情况而定，由操作人员判断。

如果在调制时面筋形成不足，那么适当的静置是一种补救办法，因为在静置期间，水化作用缓慢进行，从而降低了面团的黏性，增加其结合力和弹性。调粉温度在22～28 ℃为宜。在酥性饼干制作时，静置时间过长或面团已达正常状态，此时再过分静置，反而会使面团发硬，黏性和结合力下降，组织松散，无法操作。

酥性面团调制的终点，与糖、油、水的用量有关，不能一概而论。一般情况下，以面团搅拌均匀后，看起来酥松，抓起来能捏成团、渗出油为止。

2. 辊轧

目前，甜酥性和酥性面团无论采用哪种成型方法，都不必经过辊轧，这是因为酥性面团是软性或半软性面团，弹性极小，塑性较大，可以直接进行成型。同时，辊轧会增加面团的机械硬化程度，使食品酥松度下降，所以，一般不会采用这道工序。但是，由于酥性面团在辊轧后会使黏度降低，增加结合力，因而在某种特殊情况下，例如，面团黏性强烈、成型皮子易产生断裂、骰头子分离困难等条件下，也可以作为弥补措施。

酥性面团辊轧的目的是要得到平整的面片，但长时间辊轧，会形成面片的韧缩。由于酥性面团中油、糖含量多，轧成的面片质地酥软，易于断裂，所以不应多次辊轧，更不能进行90°转向，一般以3～7次单向往复辊轧即可。

酥性面团在辊轧前不必长时间静置，酥性面团轧好的面片厚度为2 cm，另外酥性面团比较软，通过成型机的辊轧后即可达到成型要求。

3. 成型

成型是饼干成为合格产品的一道重要工序，必须根据饼干的性质加工。酥性饼干的面筋较少，组织疏松，焙烤时内部产生的气体比较容易逸出，于是可以在其表面压上各种花纹。酥性饼干也会用冲印的方法成型，尤其是所用辅料少的，过去都是用冲印成型的方法成型。但随着生产的需要和饼干辅料配合品种的增多，近年来酥性饼干大多采用辊印成型的方法。

辊印成型的饼干，花纹图案十分清晰、口感好、香甜酥脆。辊印设备占地面积小，产量高，无须分离头子，运行平稳，噪声低。但是辊印成型也有它的局限性，它不适合韧性饼干和发酵饼干的成型，仅适于高油脂的、面团弹性小、可塑性较大的酥性或甜酥性饼干的成型。

4. 烘烤

烘烤是完成焙烤食品的最后加工步骤，是决定食品质量的重要一环，而且烘烤也远远不只是烘干、烤熟的简单过程，而是与成品的外形、色泽、体积、内部组织、口感、风味有密切关系的复杂的物理、化学变化过程。

一般来说，酥性饼干的烘烤应采用高温短时间的烘烤方法。温度为 300 ℃，时间为 3.5 ～ 4.5 min。但由于酥性饼干的配料中油和糖含量高、配方各不相同、块形大小不一、厚薄不均，因此，烘烤条件也存在一定的差异。对于配料普通的酥性饼干，需要依靠烘烤来胀发体积，饼坯入炉后宜采用较高的下火、较低而逐渐上升的上火的烘烤工艺，使其能保证在体积膨胀的同时，又不致在表面迅速形成坚实的硬壳；对于油、糖含量高的高档酥性饼干，除在调粉时适当提高面筋的胀润度之外，还应一入炉就要使用高温，迫使其凝固定型。避免在烘烤中发生饼坯不规则胀大的“油摊”现象，防止产生破碎。烘烤后期温度逐渐降低，以利于饼干上色。

饼干烘烤主要有以下 3 个阶段：第一阶段，胀发阶段。此阶段炉温较低，面坯内部的水分汽化，使饼干体积急剧膨胀。淀粉糊化，蛋白质凝固，面筋逐渐变性失去其韧性。这个阶段时间较短，一般占总烘烤时间的 25% 左右。第二阶段，定型阶段。随着温度升高，饼干内部的水分不断减少，饼干的形状逐渐固定下来。此时面筋进一步变性，饼干结构更加稳定。这个阶段时间相对较长，占总烘烤时间的 50% 左右。第三阶段，上色和脱水阶段。炉温继续升高，饼干表面发生美拉德反应和焦糖化反应，从而产生诱人的色泽和独特的风味。同时，饼干内部的水分继续蒸发，达到规定的含水量要求。这个阶段时间较短，占总烘烤时间的 25% 左右。

5. 冷却

饼干的冷却一般是采用自然冷却的方法。冷却传送带的长度一般为炉长的 1.5 倍，这样才能使饼干的温度和水分达到规定的要求。为了减少设备的占地面积，通常将冷却传送带分为两层或 3 层布置。另外利用较长的烤炉，在烤炉的后区停止加热，这样就能够有效防止饼干一出炉就立即遇冷而产生内应力，造成裂缝或变形。在冷却传送带上方加上隔离罩，也能够解决饼干降温过快或冷却室空气相对湿度过低的问题。

冷却过程中必须保证产品的质量不受损害。在规定的冷却工艺流程中，除了温度要求，还应考虑冷却时饼干中水分的变化和冷却与裂缝之间的关系的问题。

一般冷却时间为焙烤时间的 150%，才能使产品在自然冷却下达到温度和水分的要求，但冷却传送带过长，既占空间，又不经济。所以冷却的适合条件是温度为 30 ～ 40 ℃，室内相对湿度为 70% ～ 80%。裂纹是由于饼干内应力引起的，而内应力是由于内部水分分布不均匀引起的。

对于酥性饼干冷却，应保证冷却传送带的线速度大于烘烤炉钢带的线速度，这样既可以达到较好的降温效果，又可防止由于饼干在冷却传送带上的积压而导致饼干因受外力作用而变形。

6. 包装与贮藏

饼干冷却到要求的温度和水分含量后应立即进行包装。精致的包装不仅可以增加产品的美观度，吸引广大的消费者，而且能够避免饼干中水分的过度蒸发或吸潮；保持饼干卫生清洁，阻止饼干受到虫害或环境有毒、有害、有异味物质的污染；有效地降低饼干储运和销售过程中的破损；阻断饼干与空气中氧的接触，减缓因油脂氧化带来的饼干酸败变质等。

饼干的包装形式分为袋装、盒装、听装和箱装等不同大小的包装，包装材料应符合相应的国家卫生标准。各种包装应保持完整、紧密、无破损，且适应水、陆运输。

饼干外包装标签标注内容应符合 GB 7718—2011《食品安全国家标准 预包装食品标签通则》规定，标明产品名称、企业名称（或企业标示）、生产日期、保质期、重量、防潮、防日晒、防碎和向上等标记。

二、材料准备

（一）查阅常见饼干加工的工艺流程资料

饼干加工主要包括面团调制的方法、添加剂的使用、配料次序、饼干的成型等。

（二）查阅酥性饼干加工工艺的相关资料

酥性饼干加工主要包括起酥油的选择、面团的调制、酥性饼干的成型（辊压）、烘烤温度和时间等。

（三）查阅饼干制作过程中的问题及措施

饼干制作过程中的主要问题包括饼干黏底、饼干凹底、饼干收缩变形、饼干起泡、饼干易碎裂缝等。

三、人员准备

人员分组，每组 5 人。明确职责分工。

人员分工表

任务角色	任务内容
组长：	任务：
组员 1：	任务：
组员 2：	任务：
组员 3：	任务：
组员 4：	任务：

任务实施

一、实施内容

明确要调查的项目，确定要运用的酥性饼干的加工工艺，明确操作过程中的各项参数、需要使用的材料和设备、出现质量问题的应对措施等。

二、实施方法

认真思考如何才能获取更有价值的信息，通过哪些渠道获取信息资料，并对这些资料进行加工整理，形成可供自己制作饼干的方案。

三、实施流程

第一步：深入了解饼干的制作原理。
第二步：调查常见饼干的加工工艺。
第三步：查阅酥性饼干的加工工艺。
第四步：制作酥性饼干并设计一种新型饼干。

任务检测

在线测试

任务评价

工作任务完成过程评价表

班级：__________ 组别：__________ 姓名：__________

项目	评分标准	自我评价	小组评价	教师评价
理论知识	（1）了解饼干制作的原理			
	（2）了解饼干加工原辅料的选择和预处理的方法			
	（3）掌握饼干制品常见质量问题的解决措施			

（续表）

项目	评分标准	自我评价	小组评价	教师评价
实操技能	（1）能够独立加工常见饼干制品并解决加工过程中的常见质量问题			
	（2）能够有效利用网络、图书资源查找有用的相关信息，能将查到的信息有效地运用到学习中			
	（3）积极主动与教师、同学交流，相互尊重、理解。与教师、同学间能保持多向、丰富的信息交流			
	（4）能处理好合作学习和独立思考的关系，做到有效学习。能提出有意义的问题或能发表个人见解			
思政素养	（1）能从全局上筹划相关事项或行动的具体安排			
	（2）能够细致认真地分析资料			
合计				
自我评价与总结				
教师点评				

课程思政专栏

国内饼干生产的研究及发展前景

饼干在分类上属于焙烤食品中的一种，在休闲食品中占很大的比例。饼干行业作为一种传统意义上的休闲食品制造行业，因其技术含量和进入壁垒都比较低，所以业内存在大量的中小企业，同时一些大型食品公司也将其作为主要产品。近年来，中国的饼干行业快速发展，并且其市场潜力不容低估。目前，在国内饼干市场中，大部分饼干还是以中低档产品为主。一些初具规模的企业正处在转型阶段，饼干市场竞争日趋激烈，利润空间缩小。一些企业已经削减了低档饼干产品的生产量，开始向中高档产品领域进军，不断提升饼干产品的档次。

在全部的即食便利食品中，中国的饼干市场潜力巨大，总产量和销售额年均递增20%，增长速度在整个食品行业也是领先的。未来几年，国内饼干总消费量还会持续增加，行业规模也会不断扩大，但不容忽视的是，近年来其他主食食品和休闲食品的份额也在不断加大对饼干类产品的冲击，与饼干产品争夺市场，这对饼干行业来说，将来的竞争将会更加激烈。

随着我国经济的进一步增长和人民生活水平的不断提高，从前用于充饥的饼干食品，正朝着休闲型方向转化，各种具有点心和休闲双重功能的饼干产品不断面市，显示出新的市场活力。自改革开放以来，国内饼干行业的民营企业由少到多、由小到大、由弱变强，如今已经成为饼干行业中低档产品的主力军，有些企业也已经具备向高端市场冲击的实力。转变思想，勇于创新，走差异化之路，留意品牌培育，提升产品价值，是饼干企业生存、制胜的根本。

休闲食品是上世纪初的热门产业，为抢占市场的一席之地，饼干生产开始向休闲食品转变。利用发酵的方法，承受低糖及低油的配比，制成一种极度膨松的饼干，它的块形小巧，呈颗粒状，外表喷洒各种风味的糖状调味料，承受简洁的小包装，销售起点价格低，适合儿童人群的需要。传统的苏打饼干是一种四季适宜的产品，口感爽滑不腻，特别适合老年人及消化不良、糖尿病患者的需要。但也有缺点，即口味平淡，食之无味。因此，新一代苏打饼干在保持原有特色的基础上，改善口感，制成各具特色的风味型苏打饼干。随着健康饮食消费观念的形成，各种保健食品相继面世，为顺应市场需求，厂家将开发适合各年龄层次的饼干。这种产品严禁使用焦亚硫酸钠作为改进剂，而以木瓜蛋白酶或中性蛋白酶相替代。儿童养分饼干应承受不饱和脂肪酸较高的油脂，添加优质蛋白质和钙、铁等矿物质和维生素。将来的中国饼干行业应当向产业进一步集中、经营更加有序的方向发展。（来源：农产品加工杂志）

○【启示】转变思想，勇于创新，走差异化之路，留意品牌培育，提升产品价值，是饼干生产企业生存、制胜的根本。当今食品行业，正面临全球经济危机和中国食品安全信任危机的“后危机时代”，企业能否生存和发展，不完全以大小论英雄，更重要的是企业的战略和观念。全方位创新，将成为中国饼干企业，乃至全行业冲出重围、持续发展的成功之路。

任务四 蛋糕加工

任务导入

蛋糕是一种以面粉、鸡蛋、糖、油脂等为主要原料制成的组织松软、适口性好的糕点食品。本文主要介绍了蛋糕的分类、制作原理和制作流程，并介绍了戚风蛋糕的制作流程和蛋糕制作的注意事项及发展趋势。

马上就要到自己的生日了，请为自己制作一个简单的生日蛋糕。

任务工单

班级：__________ 姓名：__________ 学号：__________

<table>
<tr><td>任务名称</td><td>戚风蛋糕的加工</td></tr>
<tr><td>任务描述</td><td>根据实际情况，填写本任务的内容、目的、流程和方法。
任务内容：__________
任务目的：__________
任务流程：__________
任务方法：__________</td></tr>
<tr><td>获取信息</td><td>要完成任务，需要掌握相关的知识。请你搜集资料，回答以下几个问题。
（1）蛋糕加工所需要的原料有哪些？
（2）蛋糕加工的流程有哪些？
（3）典型蛋糕的制作方法有什么不同？
（4）蛋糕烘烤终点是如何判断的？</td></tr>
</table>

（续表）

<table>
<tr><th>任务名称</th><th colspan="4">戚风蛋糕的加工</th></tr>
<tr><td>获取信息</td><td colspan="4">（5）淡奶油打发的方法是什么？</td></tr>
<tr><td>制订计划</td><td colspan="4"></td></tr>
<tr><td rowspan="6">任务实施</td><td colspan="4">按照预先制订的计划，完成本任务，并记录任务实施的过程。</td></tr>
<tr><td>序号</td><td>完成的任务</td><td>遇到的问题</td><td>解决办法</td></tr>
<tr><td></td><td></td><td></td><td></td></tr>
<tr><td></td><td></td><td></td><td></td></tr>
<tr><td></td><td></td><td></td><td></td></tr>
<tr><td></td><td></td><td></td><td></td></tr>
</table>

任务准备

一、知识准备

（一）戚风蛋糕的概述

所谓戚风，是英语的译音，港澳地区译作雪芳，意思是像打发蛋白那样柔软，而戚风蛋糕的搅拌方法是将蛋黄和蛋白分开，把蛋白搅拌得很膨松、很柔软，这类蛋糕称之为戚风蛋糕。

从蛋糕的性质与口感上来说，面糊类蛋糕使用固体油脂较多，口感较油腻，重油蛋糕更甚。而传统的乳沫类蛋糕组织虽较柔软，却多粗糙，不够细腻。戚风蛋糕综合了上述两类蛋糕的优点，把蛋白部分与糖一起按乳沫类蛋糕的搅拌方法打发，把蛋黄部分与其他部分按面糊类的搅拌方法搅拌，最后再混合起来。

（二）蛋糕产品的类型

1. 面糊类蛋糕

主要原料为面粉、糖、鸡蛋、牛奶等，此类蛋糕有很高的油脂，用以润滑面糊，使其产生柔软的组织，并帮助面糊在搅拌过程中融入大量空气产生膨大作用。例如，重奶油蛋糕、大理石蛋糕等奶油类蛋糕。

2. 乳沫类蛋糕

主要原料为鸡蛋，利用鸡蛋中强韧和变性的蛋白质，在面糊搅拌和烤焙过程中使之膨胀。乳沫类蛋糕依鸡蛋的性质又可分为蛋白类和海绵类。

（1）蛋白类。以蛋白作为基本组织与膨胀原料，例如，天使蛋糕。

（2）海绵类。用全蛋或全蛋加蛋黄作为基本组织与膨胀原料，例如，海绵蛋糕。

3. 戚风蛋糕

它综合了面糊类蛋糕和乳沫类蛋糕两种做法，改变了乳沫类蛋糕的质地和颗粒，具有较湿润及柔软的口感。一般生日蛋糕、瑞士卷、波士顿派的蛋糕层和装饰用的蛋糕都是按照戚风蛋糕来做的。

（三）蛋糕制作的基本原理

1. 蛋糕膨松的基本原理

（1）空气的作用。空气可通过干配料过筛、搅拌配料（如搅拌糖和油脂）、搅拌全蛋和蛋清等 3 种方式进入蛋糕混合物中。

（2）膨松剂的作用。膨松剂可分为生物膨松剂和化学膨松剂。生物膨松剂有酵母等，化学膨松剂有泡打粉、小苏打和碳酸氢铵等，这些膨松剂均由于产生二氧化碳而使蛋糕膨大。

（3）水蒸气的作用。蛋糕在烤炉中会产生大量水蒸气，水蒸气与蛋糕中的空气和二氧化碳结合使蛋糕体积膨大。

2. 蛋糕熟制的基本原理

蛋糕常见的熟制方法是烘烤和蒸制。蛋糕在烘烤（蒸制）时，其内部所含的水分受热蒸发，空气受热膨胀，疏松剂受热分解，淀粉受热糊化，面筋蛋白质受热变性凝固，蛋糕体积不断增大，最后形成多孔洞的瓜瓤状结构，使蛋糕组织松软而且具有一定的弹性。蛋糕外表皮层的面糊在高温烘烤下，与糖类发生美拉德反应和焦糖化反应，使蛋糕外表皮颜色逐渐加深，形成悦目的棕黄褐色，并具有令人愉快的蛋糕香味。蛋糕在加热过程中发生的一系列物理、化学变化，主要是炉内高温作用的结果，因此在制作蛋糕时，一定要选用性能良好的烘烤设备，并在操作时控制好烘烤温度、烘烤时间、烤炉内湿度等因素。

（四）原料

原料包括面粉、鸡蛋、糖、油脂、乳制品、食盐、化学疏松剂、蛋糕油、塔塔粉等。

（五）工具及设备

1. 工具

工具包括打蛋器、平底盘、滤网、铁片刮刀、擀面棍、网架、秤、量杯、量匙、刮刀、毛刷、西点刀、锯齿刀、调色刀、挤花袋、挤花嘴、模型等。

2. 设备

设备包括打蛋机（搅拌机）、烤炉等。

（六）工艺流程

工艺流程为原料准备→分离蛋清蛋黄→制作蛋黄糊→打发蛋清→混合面糊→烘烤→脱模冷却。

（七）操作要点

1. 原料准备

鸡蛋、低筋面粉、细砂糖、玉米油、牛奶、柠檬汁或白醋。

2. 分离蛋清蛋黄

将鸡蛋小心地磕开，把蛋清和蛋黄分别放入两个无油无水的干净容器中。

3. 制作蛋黄糊

在蛋黄中加入细砂糖，用手动打蛋器搅拌均匀，至细砂糖基本溶解。加入玉米油，继续搅拌均匀，使其充分融合，加入牛奶，搅拌均匀。筛入低筋面粉，用橡皮刮刀以“Z”形或翻拌的手法搅拌均匀，成为细腻的蛋黄糊，注意不要过度搅拌以免起筋。

4. 打发蛋清

在蛋清中滴入几滴柠檬汁或白醋，用电动打蛋器高速打发至出现鱼眼泡。分 3 次加入细砂糖，继续高速打发。第一次在出现鱼眼泡时加入，第二次在蛋清泡沫变细腻时加入，第三次在出现纹路时加入。一直打发至湿性发泡接近干性发泡状态，即提起打蛋器出现小弯角。

5. 混合面糊

先取 1/3 的蛋清糊放入蛋黄糊中，用橡皮刮刀翻拌均匀。再将拌好的面糊倒回剩余的蛋清糊中，继续翻拌均匀，成为细腻的蛋糕糊。

6. 烘烤

将蛋糕糊倒入模具中，轻轻震动模具几下，排出面糊中的大气泡。放入预热好的烤箱中，根据模具大小和烤箱功率，一般以 150 ～ 160 ℃烘烤 40 ～ 60 min。

7. 脱模冷却

烤好后立即将蛋糕从烤箱中取出，倒扣在晾网上冷却。完全冷却后，轻轻脱模。

二、材料准备

（一）查阅常见蛋糕加工的工艺流程资料

常见蛋糕加工工艺主要包括蛋黄糊的制作、蛋清的打发、添加剂的选择、烘烤温度等。

（二）查阅戚风蛋糕加工工艺相关资料

戚风蛋糕加工工艺主要包括原辅料的选择、加工工艺、加工手法等。

（三）查阅蛋糕制作中常见的问题及措施

蛋糕制作中常见的问题主要包括蛋糕凝结程度不强、蛋糕表面开裂、蛋糕组织易碎、蛋糕膨胀体积不够等。

三、人员准备

人员分组，每组 5 人。明确职责分工。

人员分工表

任务角色	任务内容
组长：	任务：
组员 1：	任务：
组员 2：	任务：
组员 3：	任务：
组员 4：	任务：

任务实施

一、实施内容

明确要调查的项目，确定要运用的戚风蛋糕的加工工艺，明确操作过程中的各项参数、需要使用的材料和设备、出现质量问题的应对措施等。

二、实施方法

认真思考如何才能获取更有价值的信息，通过哪些渠道获取信息资料，并对这些资料进行加工整理，形成可供自己制作蛋糕的方案。

三、实施流程

第一步：深入了解蛋糕的制作原理。
第二步：调查常见蛋糕的加工工艺。
第三步：查阅戚风蛋糕的加工工艺。
第四步：为自己制作生日蛋糕。

任务检测

在线测试

任务评价

工作任务完成过程评价表

班级：________ 组别：________ 姓名：________

项目	评分标准	自我评价	小组评价	教师评价
理论知识	（1）了解蛋糕制作的原理			
	（2）了解蛋糕加工原辅料的选择和预处理的方法			
	（3）掌握蛋糕制品常见质量问题的解决措施			
实操技能	（1）能够独立加工常见蛋糕制品并解决加工过程中的常见质量问题			
	（2）能够有效利用网络、图书资源查找有用的相关信息，能将查到的信息有效地运用到学习中			
	（3）积极主动与教师、同学交流，相互尊重、理解。与教师、同学间能保持多向、丰富的信息交流			
	（4）能处理好合作学习和独立思考的关系，做到有效学习。能提出有意义的问题或能发表个人见解			
思政素养	（1）能从全局上筹划相关事项或行动的具体安排			
	（2）能够细致认真地分析资料			
合计				
自我评价与总结				
教师点评				

课程思政专栏

翻糖有生命，手艺筑匠心

翻糖蛋糕是源自英国的艺术蛋糕，用翻糖代替常见的鲜奶油覆盖在蛋糕体上，因为其独特的可塑性，成为当今蛋糕装饰的主流。

周毅和团队的小伙伴揉捏着香甜松软的翻糖，塑造了林林总总的人偶蛋糕，少女时代的武则天、盖世神明孙悟空（队友唐橘子所做）、网游中的明星代言陈小春和刘烨，还有那些叫不出名字的芸芸众生，比如城堡上穿婚纱的新娘、钟鼓楼前的胖娃……直到年末，他和团队凭借中国风作品《武则天》在国际蛋糕比赛中获得3金2铜的历史性最佳成绩，他才被更多人熟知。

“惊艳！80后小伙做蛋糕获国际金奖！”被各大媒体频繁“曝光”后，让广大网友更为“膜拜”的是周毅的回复：自己做过多次此类翻糖蛋糕，这次算正常发挥！

周毅说，工艺只是作品的一部分，能够惊艳评委和国际友人的是更为精致的制作手法。人偶身着的华丽服饰，从内裙、文胸、护腰、围腰、腰带等，也是周毅和团队将糖皮擀到很薄，为人物一层层穿上去的，并非用工具刻成层次鲜明的样子。“最难的是天衣无缝，你无法在它的身上找到任何一个拼接点。”如果说造型考验的是翻糖手艺，那场景中展现的中国元素考验的是“工笔造诣”。有网友说，“周毅的手像被天使吻过”。他在糖皮上作画，用笔将波斯地毯点缀上绚丽的花束，在大瓷瓶上寥寥几笔便生出一对鸳鸯，甚至连藏在屏风画作中的印章，都是他一点点画上去的。作品《武则天》从选题构思到设计制作，然后运往英国参加比赛，用时七天。沙场亮剑，雕琢铸心。中国气质的作品一亮相，便让评委和国际友人叹为观止。

经过多年来的实践，他很快便发现了面塑行业的发展瓶颈：因为精雕细刻的面塑价格高，在平常的市场上鲜有问津，而投资价值又不如陶器、根雕。面塑工艺传承的未来在哪里？这成了周毅的心病。

“索性就把它与西方制作翻糖蛋糕的工艺结合起来。”基于这样的想法，周毅在西方的技巧之上开创式地运用了中国传统的面塑技法和食品雕刻技巧，他们研发出更加适合运用各种技巧的翻糖膏，让翻糖膏可以像3D打印一样去塑造任何想要塑造的形象。在生活中，周毅多数的时间都用在了传统手工艺继承与发扬上。他搞研发，创新培训，力图要整合出一个闭合的翻糖蛋糕产业链。为了做出最好的翻糖蛋糕，周毅从早上九点到晚上一两点基本都在工作，忙着钻研翻糖的成分和配料，以及模具生产之类的事务。一年的时间，周毅终于研发出了好吃又方便操作的新配方。

能做出栩栩如生的人偶，周毅始终认为，“糖”也是有生命的，“化腐朽为神奇”，更需要“匠心”浇筑，“我心底的梦就是把翻糖做成中国的第一品牌，让中国传统的面塑、雕刻等技艺能以另一种方式继续传承，然后乘风出海”。（来源：青年之声微信公众号）

【启示】 随着经济的发展和人民消费需求的改变，消费者对烘焙食品也提出了更高的要求。外观好看、口味独特、营养丰富的烘焙食品深受消费者的喜欢，只有不断创新，才能适应市场的需求，烘焙食品的创新需要在把握基础产品的基础上，进行口味、外形、营养含量等方面的创新。作为大学生，要在学习现有知识的基础上，培养积极进取、勇于改变现有技能水平的创新思维意识。

实验时，要有完整的实验方案，对工艺过程中的每一个环节要保持科学的实验态度，例如，进行烘焙食品单因素实验时，如果只是原料为单一变量，那么其他必须保持不变，有些时候，食品烘烤时间到了规定时间，相比上一组颜色偏浅，有些学生就会延长烘烤时间，这样后期的产品品评是不准确的。严谨的科学态度和精益求精的学习作风是大学生必备的品德。

项目三

肉制品

项目导读

肉制品，是指以畜禽肉为主要原料，经调味制作的熟肉制成品或半成品，包括香肠、火腿、培根、酱卤肉、烧烤肉、肉干、肉脯、肉丸、调理肉串、肉饼、腌腊肉、水晶肉等。肉类作为人类饮食结构中的重要组成部分，随着经济的发展，人民生活水平的提高，已上升为世界上需求量最大的消费品之一。我国肉制品消费呈现出逐年上涨的态势，肉制品行业也已形成成熟的产业规模。本项目主要介绍肉制品加工的肉品质鉴定、屠宰与分割、肉品贮藏保鲜、肉制品加工辅料识别，以及腌腊肉制品、肉干制品、西式肉制品、肠衣制品等肉制品的加工。另外，还介绍了很多国内外传统的以及最新的肉制品加工方法和工艺。

知识目标

掌握肉的理化特性及肉品质鉴定的要点；了解肉的屠宰和分割；掌握肉保鲜的原理；掌握肉制品加工辅料的用途和特性；掌握各类肉制品加工的技术要领。

技能目标

能够进行肉品质鉴定；能够对肉品进行保鲜处理；能够识别和应用加工辅料；能够加工制作各类肉制品。

素质目标

能够整合各生产加工流程，具有安全生产意识，注重食品质量。

任务一 肉品质鉴定

任务导入

某食品加工厂新进了一批牦牛肉，请根据所学知识和技能，对该批牦牛肉的品质进行鉴定，并撰写肉品质鉴定报告。

任务工单

班级：________ 姓名：________ 学号：________

任务名称	肉品质评定方案
任务描述	根据实际情况，填写本任务的内容、目的、流程和方法。 任务内容：________ ________ 任务目的：________ ________ 任务流程：________ ________ 任务方法：________ ________
获取信息	要完成任务，需要掌握相关的知识。请你搜集资料，回答以下几个问题。 （1）肉的组织结构包括哪些？ （2）肉的化学组成有哪些？ （3）肉的成熟过程是怎样的？ （4）PSE 肉和 DFD 肉的特点是什么？ （5）肉品质评定的指标有哪些？

（续表）

<table>
<tr><th>任务名称</th><th colspan="4">肉品质评定方案</th></tr>
<tr><td>制订计划</td><td colspan="4"></td></tr>
<tr><td rowspan="6">任务实施</td><td colspan="4">按照预先制订的计划，完成本任务，并记录任务实施的过程。</td></tr>
<tr><td>序号</td><td>完成的任务</td><td>遇到的问题</td><td>解决办法</td></tr>
<tr><td></td><td></td><td></td><td></td></tr>
<tr><td></td><td></td><td></td><td></td></tr>
<tr><td></td><td></td><td></td><td></td></tr>
<tr><td></td><td></td><td></td><td></td></tr>
</table>

任务准备

一、知识准备

关于肉的概念，根据其研究对象和目的不同有不同的解释。从生物学观点研究组织结构和功能出发，把肉称作“肌”，即肌肉组织，它包括横纹肌、平滑肌和心肌。在肉品工业生产中，从商品学角度出发研究其加工利用价值，把肉理解为屠宰动物除去毛或皮、头、蹄、尾、内脏的肉尸，又叫胴体，俗称白条肉，它包括肌肉组织、脂肪组织、结缔组织、骨组织以及神经、脉管和淋巴结等。肌肉组织是指横纹肌，即所谓的精肉或瘦肉，不包括平滑肌和心肌，而把胃肠及心脏等列入副产品称作脏器，俗称“下水”。脂肪组织中的皮下脂肪，又称作肥肉。

肉品这一概念，是指肌肉经过一定的作用时间转变为可食肉而言。刚屠宰后的肉体主要是肌肉组织，热量还没有散失，叫作热鲜肉。肉在 4 ℃左右经过 5 ～ 15 d 的冷处理（排酸）发生一系列生物化学变化可作商品出售和加工利用，称之为鲜肉或冷却肉，如按不同部位分割出售叫作分割肉，肉被冻结称为冷冻肉。肉品即上述各种可食肉的总称。

肉品学主要研究从肌肉转变为可食肉的过程中质量变化的规律，其内容包括肉的形态学、肉的物理化学性质、肉的成熟、肉的变质以及肉的分割利用等。

作为肉食品可利用的动物肉，主要有猪肉、牛肉、羊肉、马肉、家禽肉、家兔肉、狗肉、骆驼肉等。

二、资料准备

（一）查阅肉品质评定的具体指标

通过查阅相关资料，掌握肉品质评定有哪些指标。

（二）查阅肉品质评定的流程和规范

从网上查阅、搜集肉品质评定过程的技术操作规范，操作要点。

（三）学习肉品质评定报告撰写要求

从网上搜集相关资料，将肉品质评定的结果汇集成评定报告。

三、工具准备

原料肉品质评定工具有牛（猪、羊）胴体、肉色评分标准图、金属棒、酸碱度计、圆形取样器、土壤膨胀压缩仪、分析天平、天平、计时器、橡皮、纱布、定性滤纸、蒸煮锅、操作台、检肉刀、手术刀、外科剪刀、镊子、温度计、量筒、烧杯、表面皿、酒精灯、石棉网、电炉、载玻片、染色液、显微镜等。

四、人员准备

人员分组，每组 5 人。明确职责分工。

人员分工表

任务角色	任务内容
组长：	任务：
组员 1：	任务：
组员 2：	任务：
组员 3：	任务：
组员 4：	任务：

任务实施

一、实施内容

确定肉品质评定的指标，明确肉品质评定项目的具体操作流程以及需要的工具材料，并对肉的质量做出科学评价。

二、实施方法

统筹需要的材料和工具，进行规范操作并撰写报告。

三、实施流程

第一步：了解肉的组织结构。

第二步：了解肉的各种理化特性。

第三步：查找相关资料，确定肉品质评定的项目。

第四步：学习每个项目操作的具体技术要领。

第五步：依据标准对肉品质进行评定。

第六步：任务总结。

任务检测

在线测试

任务评价

工作任务完成过程评价表

班级：__________ 组别：__________ 姓名：__________

项目	评分标准	自我评价	小组评价	教师评价
理论知识	（1）掌握肉制品的相关概念			
	（2）掌握肉品质评定的指标			
	（3）掌握肉品质评定的操作流程和技术规范			
实操技能	（1）能够进行肉品质的评定			
	（2）相关信息的搜集			
	（3）对于信息的整合和分析			
	（4）撰写报告			
思政素养	（1）能从全局上筹划相关事项或行动的具体安排			
	（2）能够细致认真地分析资料			
合计				
自我评价与总结				
教师点评				

课程思政专栏

海东市多措并举加强肉及肉制品安全监管工作

为深入贯彻落实习近平总书记关于食品安全的重要指示、批示精神和党的十九届六中全会、中央经济工作会议精神，落实“四个最严”要求，防范肉及肉制品食品安全风险隐患，确保人民群众吃上放心肉，海东市市场监管局多措并举推进肉及肉制品安全监管工作。

细化源头监管。督促肉制品生产企业建立食品安全自查制度，定期对食品安全状况开展全面自查，并报告食品安全事故潜在风险。对生产环境进行重点排查，确保其加工车间、贮存仓库和厂区等设施的清洁卫生，切实做好防蝇、防虫和防鼠工作；督促企业严格制度执行和人员管理，严格环境卫生和设施设备管理，严把原辅材料进货查验关、生产过程控制关、出厂检验关，加强贮存运输销售管理，加强追溯体系建设，严格按照相关法律、法规和标准组织生产，保障肉制品源头质量安全。

深化执法检查。持续加大肉制品质量安全监管力度，结合风险分级管理和信用监管情况，加强对辖区内经营肉及肉制品的农贸市场、大中型商超、食品店和餐饮店等的日常检查，督促食品经营者严格落实主体责任，严格履行进货查验和索证索票义务。严厉打击使用病死、毒死、死因不明的畜禽肉类和无检疫合格证明的肉类加工食品，使用回收的食品原料。严格落实食品添加剂“五专”管理，坚决杜绝“两超一非”现象等违法行为。其间，累计出动执法人员 368 人次，检查肉制品生产企业 7 家次，企业检查覆盖率 100%；检查肉及肉制品经营者 108 家次，餐饮单位 211 家次，发现未落实索证索票制度等问题 8 个，下达责令改正通知书 4 份。

优化监督抽检。以牛羊肉、猪肉、鸡肉、鱼等为重点品种，重点对致病性微生物、食品添加剂、非食用物质等安全性指标开展监督抽检。目前，完成 368 批次肉及肉制品的监督抽检。对抽检检测发现的不合格食品问题依法开展核查处置，并将抽检不合格信息向社会公示，将问题企业列为重点监管对象，加大日常监管力度。

下一步，海东市市场监管局将开展非洲猪瘟专项抽检，重点抽检“两证”不全，来源不明，无法提供非洲猪瘟检测合格报告的可疑生猪产品及其制品，加大检查执法力度，扎实推进肉及肉制品安全监管工作，保障人民群众“舌尖上的安全”。（来源：青海市场监管微信公众号）

【启示】 民以食为天，食以安为先。食品是人类赖以生存和发展的最基本的物质条件，食品安全涉及人类最基本权利的保障。在我国国民经济中，食品工业占有重要的地位。随着我国经济的不断发展，食品种类越来越丰富，产品数量供给充足有余，在满足食品需求供给平衡的同时，食品质量安全问题越来越突出。保障食品安全是保障人民生命健康安全的重要举措。

任务二 肉类的屠宰与分割

任务导入

2024年1月3日，位于青海省门源县现代产业园内的门源县清真牛羊标准化屠宰场生产线顺利实现试屠宰。实施门源县清真牛羊标准化屠宰场建设项目，成为门源县聚焦打造绿色有机农畜产品输出地引领区建设，扎实推进生态农牧业“九个一”配套工程的具体实践，解决了全县清真牲畜屠宰老大难问题，填补了县域内牛羊屠宰企业的空白，为促进全县肉畜产品规范化、规模化、标准化、产业化和市场化，推进肉畜产品精深加工奠定了坚实的基础。

该项目总投资3 670.67万元，项目建有待宰圈、标准牛羊屠宰线各1条，简易牛羊屠宰生产线3条，含分割车间、速冻库、冷库、制冷机房、污水处理用房、无害化处理用房、水泵房及消防水池等，屠宰产能达到牛10万头/年，羊20万只/年，极大地满足了全县牲畜屠宰需求。

目前该企业召集新员工进行牛羊肉的屠宰加工，请你为该企业新员工的培训提供一份完备的屠宰与分割技术指导手册，供新员工学习。

任务工单

班级：__________ 姓名：__________ 学号：__________

任务名称	肉类的屠宰与分割
任务描述	根据实际情况，填写本任务的内容、目的、流程和方法。 任务内容：__________ __________ 任务目的：__________ __________ 任务流程：__________ __________ 任务方法：__________ __________
获取信息	要完成任务，需要掌握相关的知识。请你搜集资料，回答以下几个问题。 （1）畜禽的屠宰工艺流程有哪些？

（续表）

<table>
<tr><th>任务名称</th><th colspan="4">肉类的屠宰与分割</th></tr>
<tr><td>获取信息</td><td colspan="4">（2）屠宰前的准备工作包括哪些内容？

（3）牛胴体分割流程包括哪些？

（4）羊胴体分割流程包括哪些？

（5）国家关于畜禽屠宰分割的技术标准包括哪些？</td></tr>
<tr><td>制订计划</td><td colspan="4"></td></tr>
<tr><td rowspan="6">任务实施</td><td colspan="4">按照预先制订的计划，完成本任务，并记录任务实施的过程。</td></tr>
<tr><td>序号</td><td>完成的任务</td><td>遇到的问题</td><td>解决办法</td></tr>
<tr><td></td><td></td><td></td><td></td></tr>
<tr><td></td><td></td><td></td><td></td></tr>
<tr><td></td><td></td><td></td><td></td></tr>
<tr><td></td><td></td><td></td><td></td></tr>
</table>

任务准备

一、知识准备

屠宰厂根据运营模式的不同，可分为两种类型，即代宰和自营。代宰是企业的主要经营模式，是指在当地政府统一规划取得定点屠宰经营许可的前提下，自建屠宰加工厂，组织屠宰技术工人代宰，只收代宰费，然后将工厂代宰的肉，由代宰户自提或送到各经营地点进行销售，工厂、企业并不销售屠宰加工的产品；自营则指的是屠宰厂自行采购生猪，经过屠宰加工成热鲜肉、冷鲜肉和冷冻肉，然后经销或直销往农贸批发市场、肉制品加工企业、商超、餐饮渠道或特殊渠道（学校、企事业单位食堂等），销售所得即为收入。目前稍大型的屠宰企业往往两者皆有。目前猪的分割一般参照市场监管总局、国家标准化管理委员会公布的 GB/T 40464—2021《冷却肉加工技术要求》、GB/T 40466—2021《畜禽肉分割技术规程 猪肉》和 GB/T 40467—2021《畜禽肉品质检测 近红外法通则》等3部与肉类相关的国家标准。对于牛胴体分割方法，各个国家之间有较大的区别。我国试行的牛胴体分割法是将标准的牛胴体的二分体分成臀腿肉、腹部肉、腰部肉、胸部肉、肋部肉、颈肩部肉和前后腿肉。在此基础上进一步分割成13块不同的零售肉块，即里脊、外脊、眼肉、上脑、胸肉、嫩肩肉、臀肉、大米龙、小米龙、膝圆、腰肉、腱子肉、腹肉。羊胴体不同部位的肌肉、脂肪、结缔组织及骨骼的组成是不同的，这不仅反映了可食部分的数量，而且肉的品质和风味也有差异。胴体切块的目的是通过测定不同部位肉所占的比例来评定胴体优质肉块的比例，进一步表明整个胴体的品质和实现销售中的优质优价。目前，羊胴体的切块分割法有2段切块、5段切块、6段切块和8段切块等，其中以5段切块和8段切块最为实用。

二、材料准备

（一）查阅屠宰的相关资料

通过调查，掌握屠宰加工厂的屠宰前的准备、屠宰相关设备、工艺流程、技术要领等。

（二）查阅肉类分割操作流程和技术规范

通过网络等途径，查阅不同畜禽胴体分割要求、分割标准、操作流程及技术规范等。

（三）撰写屠宰与分割技术指导手册

从网上搜集相关资料，撰写一份完备的屠宰与分割技术指导手册。

三、人员准备

人员分组，每组5人。明确职责分工。

人员分工表

任务角色	任务内容
组长：	任务：
组员1：	任务：
组员2：	任务：
组员3：	任务：
组员4：	任务：

任务实施

一、实施内容

明确要调查的内容，明确调查的方法和途径，明确屠宰加工工艺流程，了解相关国家标准，结合该屠宰场的实际情况撰写合适的指导手册。

二、实施方法

认真思考如何才能获取更有价值的信息，通过哪些渠道获取信息资料，并对这些资料进行加工整理，形成可供该同学选择的方案。

三、实施流程

第一步：深入了解国内外屠宰场的运行管理。
第二步：调查大型屠宰场的加工屠宰流程。
第三步：调查现在市面上的畜禽肉类分割标准和流程。
第四步：调查该企业的规模及其目前采用的工艺。
第五步：学习屠宰与分割技术指导手册的撰写。
第六步：统筹所有信息，撰写屠宰与分割技术指导手册。

任务检测

在线测试

任务评价

工作任务完成过程评价表

班级：__________ 组别：__________ 姓名：__________

项目	评分标准	自我评价	小组评价	教师评价
理论知识	（1）了解屠宰场的仪器设备和运行流程			
	（2）掌握屠宰前的准备工作			
	（3）掌握屠宰及分割流程			

（续表）

项目	评分标准	自我评价	小组评价	教师评价
实操技能	（1）能够了解屠宰加工厂的基本情况			
	（2）能够安排屠宰前的准备工作			
	（3）能够依据市场要求提供分割工作流程			
	（4）能够搜集和分析信息，筛选正确的信息			
	（5）能够撰写屠宰与分割技术指导手册			
思政素养	（1）能从全局上筹划相关事项或行动的具体安排			
	（2）能够细致认真地分析资料			
	（3）能够团结协作完成任务			
合计				
自我评价与总结				
教师点评				

课程思政专栏

海西州五项举措强化畜禽屠宰管理

加强畜禽屠宰行业管理，事关肉品消费安全，社会高度关注，是一项重要的民生工程。近年来，海西州严格按照“管行业必须管安全”工作要求，落实主体责任、强化行业整顿、畅通投诉渠道、创新监管机制、提高预警监测，五措并举切实加强畜禽屠宰监管力度，确保人民群众肉品消费安全。

落实主体责任。及时成立工作领导小组，督促畜禽屠宰企业严格执行重大动物疫病防控和产品质量安全主体责任，配备与生产规模相适应的肉品质量安全设施设备和检验人员，严格执行入场查验、待宰静养、肉品检验、“瘦肉精”自检、病害畜禽及屠宰废弃物无害化处理等企业产品质量安全内控制度，完善重点环节记录，切实做到来源可溯、去向可查、责任可追究，加强行业自律，提高行业诚信建设水平。

强化行业整顿。加强屠宰企业环境治理，严格执行《青海省畜禽屠宰管理条例》《青海省清真食品生产经营管理条例》等有关规定，加强巡查城乡接合部、已取缔的私屠滥宰点（户）以及农贸市场周边等私屠滥宰易发多发区，严厉打击收购和屠宰病死畜禽、私屠滥宰、注水注物等违法行为，保持对畜禽屠宰违法行为高压严打态势。目前，共开展执法检查87次，监督检查屠宰场、规模养殖场等91场次。

畅通投诉渠道。畅通投诉举报渠道、严打“私屠滥宰”违法行为。向全社会公开打击“非法屠宰、打击私屠滥宰”举报电话，接受群众举报和反映问题线索，对重点举报线索依法调查取证，对核实的“私屠滥宰”行为，坚决予以取缔，没收屠宰工具和设备及违法所得，鼓励群众举报等方式排查违法行为线索，不断加大打击私屠滥宰违法行为力度。

创新监管机制。建立屠宰企业信用档案，派驻官方兽医严格落实屠宰企业日常监管和自检指导工作，推行屠宰环节质量安全风险分级管理。坚持专项整治与日常监管相结合，严厉打击收购和屠宰病死畜禽、生猪私屠滥宰、添加“瘦肉精”及其他违禁物质等违法行为，构建以卫生评估、风险分级、量化监督、痕迹化管理为主要内容的精细化屠宰监管体系。2023年以来，海西州屠宰检疫生猪5 265头、牛2 632头、羊35 950只，抽检瘦肉精样品766份并检测呈阴性，无害化处理生猪6头、动物产品658.9千克。

加强宣传引导。组织开展应急演练，提高应急处置能力。充分运用多种形式，宣传屠宰相关的法律法规，增强从业者守法意识和社会监督，及时回应民生关切，加强肉品知识宣传，引导屠宰行业规范有序发展。海西州共开展法律法规宣传培训班9期，媒体宣传2次，发放《中华人民共和国动物防疫法》《生猪屠宰管理条例》《青海省畜禽屠宰管理条例》等宣传资料597份。（来源：海西农牧微信公众号）

【启示】 强化畜禽屠宰管理，依法依规进行监督治理，是全面依法治国的体现，是保障民生的重要举措。依法治国就是依照宪法和法律来治理国家，是中国共产党领导人民治理国家的基本方略，是发展社会主义市场经济的客观需要，是社会文明进步的显著标志，也是国家长治久安的必要保障。依法治国，建设社会主义法治国家，是人民当家作主的根本保证。

任务三 肉品贮藏保鲜

任务导入

青海夏华清真肉食品有限公司自2010年成立以来，先后投资1.7亿元，建设“海晏县现代生态畜牧业产业示范园”，主要建成了“标准化生态养殖示范区”和“清真牛羊肉精深加工区”两个功能区。标准化生态养殖示范区常年存栏2万只优质藏系羊、5 000头牦牛，年可出栏8万只优质藏系羊和1万头牦牛。清真牛羊肉精深加工区建成了牛屠宰车间、羊屠宰车间、分割加工车间、牛羊副产品加工车间以及容量5 000吨冷藏库、排酸库，购置配套制冷设备。同时，购置了国内先进的牛羊吊宰流水生产线、牛羊肉分割加工流水生产线等配套设备，达到国际出口标准。采用先进的屠宰技术，按照欧盟动物福利标准和卫生标准进行牛羊屠宰，生产加工发达国家最时尚的冷却肉，产品达到无菌状态。开发出了60多个牛羊肉分割产品，使高原牛羊肉成功走向全国各地市场。

作为国家级农业产业化重点龙头企业，为加快发展，增强产业带动能力，公司在饲草种植、设施养殖的基础上，以肉品加工为中枢，不断拓展产业链条，完善经营体系，实现了集饲草种植、饲料加工、规模养殖、有机肥料、牛羊屠宰、精深加工、冷链销售、餐饮连锁“八位一体”的生态产业链，搭建起了农业科技、畜牧科技、食品科技、生物科技4大产业平台和完备的食品安全控制体系，在行业内率先成功建成了从“牧场到餐桌”的绿色全程可追溯产业链条，实现了产业链的良性循环。荣获全国民族特需商品定点生产企业、青海省农牧业产业化省级重点龙头企业、青海省模范集体、高原生态养殖示范基地等称号。

目前该企业准备转型，走高质量发展道路，为了严控质量关，有关的中层领导需要学习肉品贮藏保鲜的相关知识，请你为他们提供相应的知识及技能培训。

任务工单

班级：__________　姓名：__________　学号：__________

任务名称	肉品的贮藏保鲜
任务描述	根据实际情况，填写本任务的内容、目的、流程和方法。 任务内容：__________ __________ 任务目的：__________ __________

（续表）

<table>
<tr><th>任务名称</th><th colspan="4">肉品的贮藏保鲜</th></tr>
<tr><td>任务描述</td><td colspan="4">任务流程：____________________
____
任务方法：____________________
____________________</td></tr>
<tr><td>获取信息</td><td colspan="4">要完成任务，需要掌握相关的知识。请你搜集资料，回答以下几个问题。
（1）肉类变质的原因有哪些？
（2）肉中的微生物及其来源有哪些？
（3）肉品腐败的感官变化是什么？
（4）肉品贮藏的方法及其特点分别是什么？
（5）肉品贮藏期间会有哪些变化？</td></tr>
<tr><td>制订计划</td><td colspan="4"></td></tr>
<tr><td rowspan="6">任务实施</td><td colspan="4">按照预先制订的计划，完成本任务，并记录任务实施的过程。</td></tr>
<tr><td>序号</td><td>完成的任务</td><td>遇到的问题</td><td>解决办法</td></tr>
<tr><td></td><td></td><td></td><td></td></tr>
<tr><td></td><td></td><td></td><td></td></tr>
<tr><td></td><td></td><td></td><td></td></tr>
<tr><td></td><td></td><td></td><td></td></tr>
</table>

任务准备

一、知识准备

常用的贮藏方法有低温贮藏法、高温加热法、罐藏法和辐射保鲜等，其中普遍采用的是低温贮藏法。

（一）低温贮藏法

利用低温贮藏，抑制肉品中大部分微生物的繁殖和酶的活性，以减缓其化学反应的进行，从而达到长期保鲜的目的。这种贮藏方法的优点是可抑制大多数微生物的繁殖，家庭中所使用的冰箱亦是利用低温贮存的原理，可保持食品原来的新鲜度。同时，这种贮藏方法也存在不足，即贮存温度过低容易造成原料肉的低温伤害，易使食品中冰晶生成过大，破坏细胞，从而解冻时汁液流出；冷冻包装不良时，食品与空气接触面积过大，导致水分流失易有冻烧情况发生，油脂氧化导致产品风味恶化。

（二）高温加热法

高温加热是利用热杀灭微生物。该方法的优点是利用高温短时间加热除可杀灭部分细菌外，也可以抑制酶类的活性，保持食物的色、香味。避免食品与空气接触发生氧化从而达到贮藏的目的。该方法也存在不足，即温度过高与高温时间太久会造成食品中营养素的破坏。

（三）罐藏法

将食品充填于密闭容器，经脱氧、杀菌处理。其优点是携带方便，便于销售运送。罐藏法也存在不足，即需注意内容物与包装罐是否因化学变化而变质；杀菌是否达到规定的标准要求。

（四）辐射保鲜

辐射保鲜是利用原子能射线的辐射能量对食品进行杀菌处理的一种物理方法，是一种安全卫生、经济有效的食品保存技术。1980 年，由联合国粮农组织（FAO）、国际原子能机构（IAEA）和世界卫生组织（WHO）组成的“辐照食品卫生安全性联合专家委员会”就辐照食品的安全性得出结论：食品经不超过 10 kGy 的辐照，没有任何毒理学危害，也没有任何特殊的营养或微生物学问题。

利用 γ、β 及 X 射线照射食品，能杀灭食品中的微生物。γ 射线穿透力最强，放射线照射是在常温下进行，且不会产生大量热能，故又称冷杀菌。该方法的优点是抑制酵素活性，防止植物发芽，驱除昆虫，杀死微生物等。其缺点是会引起蛋白质变性凝固，发生油脂分解，产生毒性物质或致癌物质，残存有害放射性等。

二、材料准备

（一）搜集相关的资料

通过调查掌握肉品腐败的原因、肉品变质后的变化、肉品贮藏的原理、贮藏的方法及其贮藏后肉品的变化。

（二）查阅贮藏的参数要求和技术规范

通过网络等途径，调查肉类加工企业常见的肉品贮藏方法、相关设计参数要求和肉品储存的技术规范。

（三）学习安排技能培训

从网上搜集相关资料，设计技能培训方案，撰写培训内容。

三、人员准备

人员分组，每组 5 人。明确职责分工。

人员分工表

任务角色	任务内容
组长：	任务：
组员 1：	任务：
组员 2：	任务：
组员 3：	任务：
组员 4：	任务：

任务实施

一、实施内容

明确要调查的项目，明确主要调查的肉品贮藏方法、贮藏室的设计及参数要求。

二、实施方法

认真思考如何才能获取更有价值的信息，通过哪些渠道获取信息资料，并对这些资料进行加工整理，设计培训方案。

三、实施流程

第一步：调查肉品腐败的原因及肉品贮藏的原理。
第二步：调查肉品保存的方法和相关参数要求。
第三步：调查案例中提到的企业采用的肉品贮藏保鲜的方法。
第四步：选择培训的内容。
第五步：设计培训的方案。

任务检测

在线测试

任务评价

工作任务完成过程评价表

班级：__________ 组别：__________ 姓名：__________

项目	评分标准	自我评价	小组评价	教师评价
理论知识	（1）掌握肉品腐败变质的原理			
	（2）掌握肉品贮藏保鲜的方法及原理			
	（3）掌握肉品贮藏期间的变化			
实操技能	（1）能够了解肉制品加工企业肉品的贮藏情况			
	（2）能够设计肉品贮藏保鲜的方案			
	（3）能够搜集和分析信息，筛选正确的信息			
	（4）能够安排技能培训			
思政素养	（1）能从全局上筹划相关事项或行动的具体安排			
	（2）培养敏捷、细致的思维能力			
	（3）培养食品安全意识			
合计				
自我评价与总结				
教师点评				

课程思政专栏

青海省印发《“十四五”冷链物流发展实施方案》

为认真贯彻落实国务院办公厅《“十四五”冷链物流发展规划》，推动青海省冷链物流高质量发展，结合青海省“十四五”规划及相关专项规划，青海省发改委起草并报请省政府办公厅印发了《青海省“十四五”冷链物流发展实施方案》，为“十四五”期间冷链物流发展提供了目标方向和行动指南。

一、发展目标

到2025年，初步形成布局合理、产销衔接、覆盖城乡、功能完善、内畅外联的冷链物流网络，绿色有机农畜产品输出地支撑能力显著增强，城乡居民消费升级服务保障水平明显提升。

空间布局不断优化。西宁国家骨干冷链物流基地建设取得实质性进展，海东、格尔木区域冷链物流基地基本建成，其他州府县城、重点城镇及农畜产品产地建成一批冷链物流节点，全省“一核两翼多点”的冷链物流空间网络布局基本形成。

发展质量稳步提升。冷冻、冷藏均衡发展，新增冷库仓储能力25万吨、冷藏车500辆，培育2～3家营业收入超亿元的冷链物流企业。冷链物流集约化、专业化、标准化、信息化水平逐步提升，肉类、果蔬、水产品产地低温处理率不断提高，保鲜运输、销地冷藏等服务能力持续增强，农畜产品跨季节调配能力明显提高，产品损耗和物流成本显著降低。

监管能力明显增强。全链条监管机制不断完善，全程追溯、全程监控、数据分析的冷链物流监管体系初步建立，医药产品冷链物流网络不断完善，快速精准反应机制加快建立，行业监管和治理水平明显提升，市场发展环境持续优化。

二、重大工程

（一）农产品产地冷藏保鲜设施建设工程

支持家庭农场、农民合作社、农村集体经济等主体，因地制宜在全省建设种植类产品、畜产品和水产品产地仓储保鲜库400个以上，新增库容20万吨。

（二）农产品冷链集配中心建设工程

依托物流企业和骨干园区，在8个市州各新建或改扩建1个具有集中采购和跨区域配送能力的农产品冷链集配中心。

（三）冷链物流信息化建设工程

1. 青海省冷链食品追溯管理系统

依托现有进口冷链食品追溯系统，建设涵盖所有进口和省内冷链食品的追溯管理系统，实现重点冷链食品“来源可追，去向可查”。

2. 青海省农产品冷链追溯服务平台项目

建设省级农产品冷链追溯服务平台，升级完善8个市州及相关农产品主产县农产品追溯体系及管理平台，并实现与省级平台的互联互通。

（四）供销行业冷链补短板建设工程

（1）在西宁、海东、海南、海北和黄南地区各建1个果蔬预冷分拣中心。

（2）在海西地区新建2个枸杞预冷分拣中心。

（3）在海南地区新建1个冷水鱼预冷中心。

（4）在牦牛、藏羊主产区和屠宰加工集中地区新建或改扩建7个牦牛藏羊预冷中心。

（5）在8个市州重要物流节点地区，新建或改造50个区域性农畜产品冷链加工配送中心。

（五）医药冷链物流配套工程

（1）建设现代化医药仓储物流中心项目，完善现代化医药仓储冷链设施，满足冷链药品储配需求。

（2）建设省级血液中心冷库，在海东、海西、黄南、格尔木中心血站建立储血冷库。（来源：青海发改微信公众号）

【启示】为打造青海省绿色有机农畜产品输出地，冷链物流技术的发展非常重要。科学技术作为第一生产力，已成为当代经济发展的决定因素。高科技及其产业促进了劳动生产率的大幅度提高。“科学技术是生产力”是马克思主义的基本原理。马克思曾指出：“生产力中也包括科学”，并且说，“固定资本的发展表明，一般社会知识，已经在多么大的程度上变成了直接的生产力。”

任务四 肉制品加工辅料的识别

任务导入

随着我国经济的不断发展，人民生活水平的不断提高，市场对肉制品的需求越来越大，种类要求越来越丰富，品质要求也越来越高。当下年轻消费群体便捷化、健康化、速食化的消费需求，让低温肉制品持续走向高端化。在消费升级和国民健康意识提升的情况下，轻食、低热、低脂等健康饮食概念在中国消费者中日渐普及。

青海省某村集体看到了肉制品市场的巨大潜力，结合当地牦牛养殖合作社的优势，打算新建一个肉制品加工厂，加工制作具有青海特色的牦牛肉制品，现在该加工厂需要采购肉制品加工辅料，请你设计一个方案，帮助他们进行肉制品加工辅料的识别。

任务工单

班级：____________ 姓名：____________ 学号：____________

任务名称	肉制品加工辅料的识别
任务描述	根据实际情况，填写本任务的内容、目的、流程和方法。 任务内容：____________ ____________ 任务目的：____________ ____________ 任务流程：____________ ____________ 任务方法：____________ ____________
获取信息	要完成任务，需要掌握相关的知识。请你搜集资料，回答以下几个问题。 （1）常用肉制品加工辅料及其分类分别是什么？ （2）常见的调味料及其性质与用途是什么？ （3）常见的辛香料有哪些？

（续表）

<table>
<tr><th>任务名称</th><th colspan="4">肉制品加工辅料的识别</th></tr>
<tr><td>获取信息</td><td colspan="4">（4）常见的食品添加剂有哪些？

（5）常见肉制品加工辅料用量要求是什么？</td></tr>
<tr><td>制订计划</td><td colspan="4"></td></tr>
<tr><td rowspan="6">任务实施</td><td colspan="4">按照预先制订的计划，完成本任务，并记录任务实施的过程。</td></tr>
<tr><td>序号</td><td>完成的任务</td><td>遇到的问题</td><td>解决办法</td></tr>
<tr><td></td><td></td><td></td><td></td></tr>
<tr><td></td><td></td><td></td><td></td></tr>
<tr><td></td><td></td><td></td><td></td></tr>
<tr><td></td><td></td><td></td><td></td></tr>
</table>

任务准备

一、知识准备

在肉制品生产中，若想得到色香味俱佳且符合营养与卫生要求的肉制品，就离不开辅助材料。为了改善和提高肉制品的感官特性及品质，延长保存期和增加花色品种，常添加一些肉制品中本来不含有的物质，这些物质称为辅料。合理使用辅料能赋予肉制品特殊的风味，抑制和矫正肉制品的不良气味。对延长保质期，提高肉制品的质量和产量，增加肉制品的花色品种，提高其营养价值和商品价值，保障消费者的身体健康具有重要意义。

随着辅料的广泛应用，带来了肉制品加工业的繁荣，同时引起了一些社会问题。因为在肉制品加工辅料中，有些物质会对人体产生副作用，所以生产者必须认真研究和合理使用。

肉制品加工中常用辅料可分为三类，即调味料、香辛料和食品添加剂，此外还有香料、香精和天然香料也会用于肉制品加工中。

（一）调味料

调味料是指为了改善食品的风味、赋予食品特殊味感（咸、甜、酸、苦、鲜、麻、辣等)、使食品鲜美可口、增进食欲而加入食品中的天然或人工合成的物质，是肉制品加工中最重要的辅料。

（二）香辛料

香辛料是某些植物的果实、花、皮、蕾、叶、茎、根等，具有辛辣和芳香风味成分。其作用是赋予产品特有的风味，抑制或矫正不良气味，增进食欲，促进消化。许多香辛料有抗菌防腐、抗氧化作用，同时还有特殊的药理作用。

香辛料的辛味和芳香味是由于其含有特殊成分，是任何一种人工化合物都不具有的微妙风味。所以，现在香辛料多以新鲜植物、干燥或粉碎状态使用，称其为天然香辛料。天然香辛料易受虫害和细菌的污染，因而又有以蒸馏、抽提等方法分离出与天然物质相类似的成分，制成液态香辛料。

香辛料的辛味比较强，依据其辛辣和芳香气味的程度，可分为辛辣性香辛料和芳香性香辛料。辛辣性香辛料有胡椒、花椒、辣椒、芥子、蒜、姜、洋葱、桂皮等。芳香性香辛料主要有丁香、香草、肉豆蔻、小茴香、大茴香（八角茴香）、荷兰芹和月桂叶等。

（三）食品添加剂

食品添加剂是指在食品加工过程中根据产品要求而加入的少量物质。在肉制品加工过程中使用添加剂，创造品种多样化，提高其色、香、味、形，保持食品的新鲜度和质量，并满足加工工艺过程的需求。根据其目的不同大致可分为发色剂、发色助剂、防腐剂、抗氧化剂和其他品质改良剂等。

二、材料准备

（一）搜集相关的资料

搜集相关肉制品加工辅料的有关资料，包括分类、理化性质、色泽、气味、图片、市场价格等。

（二）查阅肉制品加工厂辅料的用量

通过网络等途径，查阅肉类加工过程中各种辅料的用量要求，以及一些常见的肉制品会使用哪些辅料，目的是什么。

（三）进行辅料识别实训

购买一些常见的肉制品加工辅料，结合所学知识，进行识别判断。

三、人员准备

人员分组，每组 5 人。明确职责分工。

人员分工表

任务角色	任务内容
组长：	任务：
组员 1：	任务：
组员 2：	任务：
组员 3：	任务：
组员 4：	任务：

任务实施

一、实施内容

学习肉制品加工辅料的相关知识，明确要调查辅料的名称和种类，明确识别的方法，明确查资料的途径，统筹安排肉制品加工辅料识别的方案和过程。

二、实施方法

认真思考如何才能获取更有价值的信息，通过哪些渠道获取信息资料，并对这些资料进行加工整理，设计方案。

三、实施流程

第一步：调查市场上常见的肉制品加工辅料有哪些。
第二步：调查肉制品加工辅料的性质。
第三步：调查肉制品加工辅料的用法，相关法律要求以及相关食品安全事件。
第四步：选择要识别的加工辅料。

任务检测

在线测试

任务评价

工作任务完成过程评价表

班级：________ 组别：________ 姓名：________

项目	评分标准	自我评价	小组评价	教师评价
理论知识	（1）掌握肉制品加工辅料的分类、价格等信息			
	（2）掌握常见肉制品加工辅料的作用及理化性质			
	（3）掌握常见肉制品加工辅料的识别方法			
实操技能	（1）能够提供肉制品加工辅料的市场信息			
	（2）能够正确识别和使用常见的肉制品加工辅料			
	（3）能够搜集和分析信息，筛选正确信息			
	（4）能够设计识别方案			
思政素养	（1）培养科学精神			
	（2）培养学生负责任的工作态度			
	（3）培养食品安全意识			
合计				
自我评价与总结				
教师点评				

课程思政专栏

黄南州市场监管局开展食品添加剂“双减整治”行动

为进一步防控食品安全风险，严厉打击非法添加食品添加剂的违法行为，严防有毒有害物质进入食品生产、经营环节，2024 年 4 月，黄南州市场监管局以“十个全覆盖”为目标，认真开展食品添加剂“双减整治”行动。

狠抓“两个责任”。监督指导食品企业在加工、生产过程中，严格按照食品安全国家标准规定的原材料和工艺生产食品添加剂并落实出厂检验要求。加强网络平台企业经营者资质审核，严禁平台内经营者销售涉及疾病预防、治疗功能等非法宣称功能的食品以及声称保健功能的非保健食品，及时清理相关商品信息。鼓励食品生产经营者建立完善食品安全防护计划，防范故意向原辅料和食品中添加非食用物质等故意污染和蓄意破坏行为。督促食品生产经营者持续完善食品安全管理制度，明确食品安全管理人员在原料采购贮存、配料投料、运输销售、餐饮加工等环节的直接责任，严格落实“日管控、周排查、月调度”制度，严守食品安全底线。

强化监管监测。综合运用价格监测、广告监测、网络监测等各种手段，对问题食品及其相关产品开展全要素排查、全环节检查、全链条查处。以火锅店、烧烤店、麻辣烫店等为重点单位，重点检查是否购入标识不规范、来源不明的食品原料；对网售食品，重点检查食品生产者名称、地址、配料表等信息是否与食品标签一致，对特殊食品重点检查标签和说明书是否与注册或者备案的内容相一致。持续加大对直播带货等新业态销售环节、存在委托生产情形的企业、群众投诉举报较多产品的非法添加物质抽检监测力度，及时通报抽检监测发现的问题并开展核查处置，依法严厉查处非法添加违法行为。

打击非法添加。重点关注宣称“减肥”“壮阳”“治痛风”“降压”“助眠”等功能的压片糖果、固体饮料、果冻、代用茶等食品类型，综合运用现场检查、网络巡查、实验室非靶向筛查等手段加强对委托加工、直播带货行为等重点场所的执法力度。对发现食品中涉嫌非法添加问题线索追踪溯源，加强部门协作、信息共享，及时移交违法线索，提供检验结果和有毒有害认定意见，加大生产、销售、线上、线下等各环节全链条打击力度，做到违法必究、执法从严，案件查办迅速高效。

推进社会共治。加大宣传力度，及时采取普法宣传、案例发布、警示教育等有效载体，全方位宣传食品非法添加的严重危害、法律后果，进一步增强教育实效，凝聚社会合力，彰显市监领域依法严厉打击食品非法添加行为的坚定立场。充分发挥媒体舆论监督作用，畅通 12315 投诉举报渠道，积极受理核查违法违规线索。鼓励食品生产经营者及网络平台企业的内部员工及相关知情人举报食品安全违法行为，提升社会正能量。积极引导企业安全发展、诚信经营，组织开展食品生产企业、食品生产小作坊自查自纠，自觉规范生产经营行为。

下一步，黄南州市场监管局将进一步夯实食品添加剂“双减整治”工作制度，压紧压实各类食品生产、经营企业主体责任，提升精准化管理水平，切实筑牢食品安全底线，全力保障人民群众“舌尖上的安全”。（来源：青海市场监管微信公众号）

【启示】按照《中华人民共和国食品安全法》，食品添加剂是为了改善食品的风味，以及防腐保鲜等的需要，而加入到食品当中的天然或者人工合成的一些物质。食品添加剂经过风险评估，确定在它的最大使用量或者最大残留量范围之内，对人体是安全的。《中华人民共和国食品安全法》中明令禁止生产经营超范围、超限量使用食品添加剂的食品；用非食品原料生产的食品或者添加食品添加剂以外的化学物质和其他可能危害人体健康物质的食品。食品添加剂与非法添加物是完全不同的，消费者不必刻意回避食品添加剂，应科学理性看待。

任务五 腌腊肉制品加工

任务导入

腊肉、烟熏肉、酱油肉、腊鸭、腊鸡、腊鹅……腌腊肉制品深受南方人民的喜爱。每年距离春节还有一个多月的时间，就有不少市民走进菜场忙着请菜场经营户帮忙制作香肠、咸肉、酱油肉等。

某地区一肉制品加工厂看到了潜在的市场，决定结合当地的养殖优势，制作一些腌腊肉制品出售，请你帮助他们进行加工。

任务工单

班级：__________ 姓名：__________ 学号：__________

任务名称	腌腊肉制品加工
任务描述	根据实际情况，填写本任务的内容、目的、流程和方法。 任务内容：__________ __________ 任务目的：__________ __________ 任务流程：__________ __________ 任务方法：__________ __________
获取信息	要完成任务，需要掌握相关的知识。请你搜集资料，回答以下几个问题。 （1）腌制的基本原理是什么？ （2）腌制的作用是什么？ （3）肉类腌制的常用方法有哪些？ （4）腌制有哪些条件要求？

（续表）

任务名称	腌腊肉制品加工			
获取信息	（5）腌制过程中会有哪些物质变化？			
制订计划				
任务实施	按照预先制订的计划，完成本任务，并记录任务实施的过程。			
	序号	完成的任务	遇到的问题	解决办法

任务准备

一、知识准备

（一）腌制的概念

腌制也称盐腌，是用食盐或以食盐为主，添加硝酸盐、亚硝酸钠、蔗糖和香料等腌制辅料处理肉类的过程。而腌制的目的已从过去的防腐贮藏，发展到主要为了改善风味和色泽，提高肉品质的工艺处理过程。

（二）肉的腌制方法

肉的腌制是一个极其重要的工艺处理环节，其方法可分为干腌法、湿腌法、混合腌制法和盐水注射法。

1. 干腌法

干腌法是将食盐和硝酸钠或亚硝酸钠制成的混合物涂擦在肉块上，然后堆成一定高度的肉垛，或者放在容器内。在腌制时由于渗透和扩散作用，会在肉的内部渗出一部分水分从而形成盐水，逐渐完成其腌制过程。

由于干腌法在肉块的表面形成的盐水浓度接近于饱和状态，会向肉的内部扩散和渗透，因此干腌时总是失水的，失去水分的程度取决于腌制的时间和用盐量。如经长时间腌制，不仅脱水严重，而且会失去对水分的膨胀能力，含盐量高，易发生腌制不均匀现象，但干腌法蛋白损失少，耐贮藏。

2. 湿腌法

湿腌法是指将食盐及其他配料溶化成盐水卤，将肉浸泡在盐水卤中，如要加快腌制过程，还可将腌液注射在肉中。湿腌法的优点是渗透快，腌制均匀，剂量准确，但含水量较高，不好贮藏。

3. 混合腌制法

混合腌制法一般是先干腌后湿腌，此法优点是贮藏性好，可防止产品严重脱水，减少产品中的营养物质损失。

4. 盐水注射法

盐水注射法是用专用的盐水注射机把已配制好的腌液，通过针头注射到肉块中而进行腌制的方法。肉块较小时，一般采用湿腌法，肉块较大时可采用盐水注射法。

二、材料准备

（一）搜集相关的资料

查阅资料，了解腌制的方法、腌制的条件及需要的材料，调查腌腊肉制品的市场行情，腌腊肉制品的风味特色，对健康的影响，调查学习腌制过程中肉类的变化及品质的把控等。

（二）查阅常用的腌制方法

通过各种渠道，查阅并学习如何制作腌腊肉制品。

（三）查阅制作腌腊肉制品所需的前期准备

查阅制作腌腊肉制品所需的材料、价格、购买渠道等相关信息。

三、工具准备

此部分请学生自行思考并填写。

四、人员准备

人员分组，每组 5 人。明确职责分工。

人员分工表

任务角色	任务内容
组长：	任务：
组员 1：	任务：
组员 2：	任务：
组员 3：	任务：
组员 4：	任务：

任务实施

一、实施内容

学习相关的背景知识，选择要制作的腌腊肉制品及腌制方法，学习腌制的技术要领，分工明确，进行腌制。

二、实施方法

认真思考如何才能获取更有价值的信息，通过哪些渠道获取信息资料，掌握如何使用工具，如何去学习腌制方法，如何进行品质把控。

三、实施流程

第一步：调查腌腊肉制品的相关市场及产品。
第二步：调查腌腊肉制品的分类及制作方法。
第三步：结合实际情况，选择要制作的腌腊肉制品及方法。
第四步：选择所需的工具和材料。
第五步：进行制作。

任务检测

在线测试

任务评价

工作任务完成过程评价表

班级：__________ 组别：__________ 姓名：__________

项目	评分标准	自我评价	小组评价	教师评价
理论知识	（1）了解常见的腌腊肉制品及其市场			
	（2）掌握腌制的基本方法			
	（3）掌握腌制过程中的变化			

（续表）

项目	评分标准	自我评价	小组评价	教师评价
实操技能	（1）能够提供腌腊肉制品的相关市场信息			
	（2）能够制作腌腊肉制品			
	（3）能够搜集和分析信息，筛选正确的信息			
	（4）能够有效评价腌腊肉制品的品质			
思政素养	（1）培养严谨认真的工作作风			
	（2）培养学生追求高质量的精神			
	（3）培养食品安全意识			
合计				
自我评价与总结				
教师点评				

课程思政专栏

腌腊肉制品风险提示

春节将至，作为传统美食的腌腊肉制品开始大量上市。为了帮助指导健康消费，正确食用腌腊肉制品，贵州省市场监管局给出以下提示。

一、科学认识

GB 2730—2015《食品安全国家标准 腌腊肉制品》规定：腌腊肉制品是指以鲜（冻）畜、禽肉或其可食副产品为原料，添加或不添加辅料，经腌制、烘干（或晒干、风干）等工艺加工而成的非即食肉制品。腌腊肉制品因风味独特而广受欢迎，其中以中式火腿、腊肉、腊肠、板鸭、清酱肉、咸肉、风干肉等最具代表性。广大消费者日常食用较多的是用猪五花肉腌制的腊肉。

二、正确自制

家庭自制腌腊肉制品时，一是要选择有质量保障的原料肉，商超或农贸市场购买的肉应具有检疫合格证明，避免使用色泽和气味异常的原料肉；二是要选择在合适的时节进行加工，秋冬季节气温普遍较低，空气湿度较小，不仅有利于水分的散失及风味的形成，而且可抑制微生物的生长；三是要避免鼠虫的危害，做好防护措施。

三、准确选购

正常的腌腊肉颜色黄中泛黑，虽然不同厂家生产的腌腊肉颜色深浅有所不一，但我们应该选择颜色均匀，不要过分艳丽的产品。优质腌腊肉肉身干爽、有弹性，用手指按压不会有明显的凹痕，如果肉无弹性还带有黏液，说明肉可能开始变质。腌腊肉应有自然的腌腊风味，购买时仔细闻一下腊肉的气味，有酸败、腐臭异味的要谨慎购买。新鲜的腌腊肉口味更好，腌腊肉存放时间越长，肉制品中脂肪氧化现象也就越严重，所以消费者在购买时也要查看生产日期，不要选购生产日期太长的产品。另外，还应注意查看生产企业是否获得食品生产许可证，是否已过质保期，不要购买“三无”产品和过期产品，保留好票据，以便维权。

四、保存适当

腌腊肉制品中含有丰富的蛋白质，能为微生物的生长提供良好的营养物质；同时，腌腊肉制品中的脂肪较易氧化，进而会影响产品的感官品质和食用安全性。因此，腌腊肉制品一般需密封包装、隔绝氧气、保持干燥、低温贮存和避免阳光照射。

五、健康食用

多数腌腊肉制品属于生肉制品，应避免和熟肉制品发生交叉污染。食用时，应严格按照烹制方法进行加工，要做到完全熟透后再食用；拆包装后的产品应冷藏或置于阴凉干燥处，并尽快食用。对于有明显“哈喇味”、外观发生变化或者有明显微生物生长的产品应禁止食用。

另外，腌腊肉制品中脂肪和钠（食盐）含量较高，过多的摄入可能引起高血压等健康问题。因此，建议食用腌腊肉制品时，配茶树菇、卷心菜、蒜苗、青豆、西兰花、荷兰豆等高膳食纤维、富含维生素的蔬菜一起炒制，也可饮用绿茶，吃新鲜水果，做到荤素搭配，均衡饮食。（来源：新津市场监管微信公众号）

【启示】食品安全直接关系到人体的健康，合格的食品是维护身体正常运转的基础。食品安全问题涉及社会的方方面面，合理的食品生产和销售能够促进社会的和谐发展。有了食品安全的保障，人们能够更加放心地享受美味的食物，提高生活质量。在现代社会，随着科技的发展，食品安全已经成为各国政府和食品生产企业高度重视的问题。通过科学的手段，监测和管控各个环节的风险，共同维护广大消费者的身体健康。

任务六 肉干制品加工

任务导入

牦牛是青藏高原的特色物种，被誉为“高原之舟”，与牧民的生产生活紧密相关。作为我国牦牛主产区，青海目前有存栏牦牛约600万头，占全国总量的38%。近年来，青海坚持科技兴牧，持续推进牦牛品种复壮、改良，让新技术、新品种助力牦牛产业高质量发展，带动牧民群众增收致富。

为了持续增加牧民收入，当地政府决定结合牦牛的产业优势，建立牦牛肉干加工厂，请你结合牦牛肉干加工工艺制作一份PPT，给当地政府人员进行讲解。

任务工单

班级：__________ 姓名：__________ 学号：__________

任务名称	肉干制品加工
任务描述	根据实际情况，填写本任务的内容、目的、流程和方法。 任务内容： 任务目的： 任务流程： 任务方法：
获取信息	要完成任务，需要掌握相关的知识。请你搜集资料，回答以下几个问题。 （1）干制的基本原理是什么？ （2）肉制品干制的目的是什么？ （3）肉制品干制的要点有哪些？

（续表）

<table>
<tr><th>任务名称</th><th colspan="4">肉干制品加工</th></tr>
<tr><td>制订计划</td><td colspan="4"></td></tr>
<tr><td rowspan="6">任务实施</td><td colspan="4">按照预先制订的计划，完成本任务，并记录任务实施的过程。</td></tr>
<tr><td>序号</td><td>完成的任务</td><td>遇到的问题</td><td>解决办法</td></tr>
<tr><td></td><td></td><td></td><td></td></tr>
<tr><td></td><td></td><td></td><td></td></tr>
<tr><td></td><td></td><td></td><td></td></tr>
<tr><td></td><td></td><td></td><td></td></tr>
</table>

任务准备

一、知识准备

肉制品的干制是将肉中的一部分水分排出的工艺操作过程，又叫脱水。以往制作非加热干燥及半干燥肉制品时，要在凉爽的区域或选择适当的季节加工，近年来由于空调设备的开发和利用，加工条件更卫生，因此，也能制作出质量高而稳定的制品。

（一）干制的目的

（1）改善肉制品风味，适应消费者口味。

（2）降低水分活性，确保制品安全，提高保存性，延长保存期。

（3）减轻重量，缩小体积，便于运输。

（二）干制的条件

不论是在制品内部，还是外部进行干制都无太大差别，要恰当地调整从制品表面蒸发的水分量和内部的水分移动速度。因此，为了加速干燥，既要加强空气循环，又需加热。

1. 室内温度、湿度和风速

干燥时，室内的温度、湿度和风速均会影响干制的效果。一般情况下，要求温度保持在 12 ～ 16 ℃（最高 20 ℃），湿度控制在 70% ～ 95%，风速约为 2 m/s，以此来调整设备。干燥室内各点的温度、湿度、风速均控制一致很困难，所以制品在干燥室内移动是必要的。

2. 制品密度、大小

在干燥室内，制品的密度是影响因素之一，为均匀受热干燥，制品需不断调换位置。制品体积大则需要较长的时间和较高的温度进行干燥。

3. 肠衣

肠衣是否透气影响干燥效果。

（三）干燥方法

肉制品的干燥方法，根据其热源不同，可分为自然干燥和加热干燥；根据干燥时的压力不同，可分为常压干燥和减压干燥。

1. 常压干燥

常压干燥过程包括恒速干燥和减速干燥两个阶段，而减速干燥由减速干燥第一阶段和第二阶段组成。在恒速干燥阶段，肉块内部水分扩散的速率要大于或等于表面蒸发的速度，此时水分蒸发是在肉块表面进行的，蒸发速度由蒸汽穿过周围空气膜的扩散速率控制，其干燥速度取决于周围热空气与肉块之间的温度差。在恒速干燥阶段将除去肉中的大部分游离水。

当肉块中水分的扩散速率不能再使表面水分保持饱和状态时，水分扩散速率便成为干燥速度的控制因素。此时，肉块温度上升，表面开始硬化，干燥进入减速干燥阶段。进入减速干燥阶段时，肉块表面水分蒸发速度大于内部水分扩散速率，致使肉块温度升高，影响肉质，且表面形成硬膜，使内部水分扩散困难，降低了干燥速率，导致肉块内部水分含量过高，这样干燥的肉制品贮藏性能差。因此，在干燥的初期，肉品水分含量高时，可适当提高干燥温度，随着水分的减少应降低干燥温度。

2. 减压干燥

将食品置于真空环境中，随真空度的不同，在适当的温度下，其所含水分会蒸发或升华。肉品的减压干燥有真空干燥和冷冻升华干燥。

（1）真空干燥。真空干燥是指肉块在未达到结冰温度时的真空（减压）状态下水分蒸发而进行干燥。在真空干燥的初期，与常压干燥时相同，也存在着水分的内部扩散和表面蒸发。但在整个干燥过程中，则主要为内部扩散和蒸发同时进行。因此，与常压干燥相比，真空干燥时间短，表面硬化现象减小。常采用的真空压力为 533 ～ 6 666 Pa，干燥中温度低于 70 ℃。

（2）冷冻升华干燥。冷冻升华干燥通常是将肉块急速冷冻至 -40 ～ -30 ℃，将其置于可保持真空压力 13 ～ 133 Pa 的干燥室中，因冰的升华而脱水干燥。冰的升华速度取决于干燥室的真空压力及升华所需要给予的热量，另外肉块的大小、厚薄也有影响。

二、材料准备

（一）搜集相关的资料

查阅资料，了解肉干制品的市场情况，调查肉干制品的加工技术要领以及所需的工具等。

（二）学习相关技术要领

通过各种渠道，学习如何制作肉干类制品和加工技术要领。

（三）学习如何进行技术指导

通过查阅相关资料，学习如何提供给村民比较完备的加工技术指导，从哪几个方面入手。

三、工具准备

此部分需学生自行思考并填写。

四、人员准备

人员分组，每组 5 人。明确职责分工。

人员分工表

任务角色	任务内容
组长：	任务：
组员 1：	任务：
组员 2：	任务：
组员 3：	任务：
组员 4：	任务：

任务实施

一、实施内容

学习相关的背景知识，选择要制作的干制品制作方法，分工明确，查找资料。

二、实施方法

认真思考如何才能获取更有价值的信息，通过哪些渠道获取信息资料，掌握如何使用工具，如何去学习干制方法，如何进行品质把控。

三、实施流程

第一步：调查肉干制品的相关市场及产品。
第二步：调查肉干制品的分类及制作方法。
第三步：结合实际情况，选择适合当地的肉干制品产品。
第四步：调查所需的工具和材料。
第五步：制作成 PPT。

任务检测

在线测试

任务评价

工作任务完成过程评价表

班级：＿＿＿＿＿＿＿＿　组别：＿＿＿＿＿＿＿＿　姓名：＿＿＿＿＿＿＿＿

项目	评分标准	自我评价	小组评价	教师评价
理论知识	（1）了解肉干制品的市场			
	（2）掌握肉干制品的制作原理			
	（3）掌握肉干制品的制作流程			
实操技能	（1）能够掌握肉干制品的相关市场信息			
	（2）能够加工制作肉干制品			
	（3）能够搜集和分析信息，筛选正确的信息			
	（4）能够制作 PPT，提供有效的技术指导			
思政素养	（1）具有实事求是的职业品质			
	（2）培养学生服务乡村的理念			
合计				

（续表）

项目	评分标准	自我评价	小组评价	教师评价
自我评价与总结				
教师点评				

课程思政专栏

青海省市场监督管理局关于对 1 批次咖喱牦牛肉干不合格食品核查处置情况的通告

国家市场监督管理总局组织的 2021 年食品安全评价性抽检中，涉及我省流通、生产领域 1 批次不合格食品，现将不合格食品核查处置情况通告如下：

一、生产环节

针对青海开心源食品有限公司涉嫌生产销售不符合食品安全国家标准牛肉干一案，2021 年 12 月 6 日西宁市市场监管局执法人员对不合格原因进行现场检查调查，并立案查处，该公司主动配合调查，并在第一时间下架召回该批次产品，消除食品安全隐患。经专家风险评估分析，主要是关键控制点等把控不严，造成产品中菌落总数、大肠菌群超标。通过调查，该公司违反了《中华人民共和国食品安全法》第三十四条第（十三）项之规定，依据《食品安全法》第一百二十四条第二款规定，于 2022 年 1 月 12 日下达行政处罚决定书（西宁市监案处字〔2022〕1 号），对该公司作出如下行政处罚：没收违法所得 914 元；处 60 000 元罚款。

二、流通环节

2021 年 12 月 21 日，海东市民和回族土族自治县市场监督管理局执法人员对民和县亚欧超市有限公司进行现场检查，该超市所销售的咖喱牦牛肉干是 2021 年 9 月 24 日从青海开心源食品有限公司购进的，共购进 10 袋（400 克），每袋进价 76 元，共计 760 元，销售价每袋 95 元；海东市民和回族土族自治县市场监督管理局于 2021 年 12 月 27 日立案，2022 年 1 月 12 日结案并向该企业下达了行政处罚决定书（民市监行处字〔2022〕2 号）。当事人民和县亚欧超市有限公司涉嫌销售不合格咖喱牦牛肉干的行为违反了《中华人民共和国食品安全法》第三十四条第（二）项规定，已构成了销售危害人体健康的物质含量超过食品安全标准限量的食品的违法行为。因该超市能够建立食品进货查验及索证索票制度，并且如实提供所购进食品的进货来源及名称、数量、进货日期等内容，并保存相关凭证，履行了进货查验等义务，有充分证据证明该超市其不知道所采购的食品不符合食品安全标准，主观不是故意，也对社会未造成危害；同时执法人员在调查检查时能积极主动配合工作。根据《中华人民共和国行政处罚法》第三十二条之规定，应依法予以从轻处罚，责令当事人改正其违法行为并决定对当事人作出如下行政处罚：没收违法所得216元；罚款20 000元。(来源：西宁晚报)

【启示】为了保障食品安全，我们需要从源头抓起，强化食品生产企业的主体责任，严格执行食品安全标准，加强食品安全监管，提高公众食品安全意识，共同构建食品安全防线。只有这样，我们才能在享受美食的同时，确保我们的健康和生活质量。总的来说，食品安全是我们每个人都不能忽视的问题。我们需要从个人做起，从小事做起，关注食品安全，保护我们的生命安全。

任务七 西式肉制品加工

任务导入

肉制品食用方便，所以在西餐烹调中应用广泛。西式肉制品种类很多，根据其制作原料和加工方法的不同，大致可分为培根、火腿、香肠和冷切肉等。

青海海东某地区结合当地产猪的生产优势，准备新建一所肉制品加工厂，生产西式肉制品为主的产品，请你为该地提供一份项目规划书，帮助他们了解西式肉制品的加工生产。

任务工单

班级：________________　姓名：________________　学号：________________

任务名称	西式肉制品加工
任务描述	根据实际情况，填写本任务的内容、目的、流程和方法。 任务内容：____________________ ____________________ 任务目的：____________________ ____________________ 任务流程：____________________ ____________________ 任务方法：____________________ ____________________
获取信息	要完成任务，需要掌握相关的知识。请你搜集资料，回答以下几个问题。 （1）西式肉制品的特点和分类分别是什么？ （2）灌肠的加工技术是什么？ （3）培根的加工技术是什么？ （4）香肠的加工工艺是什么？

（续表）

<table>
<tr><th>任务名称</th><th colspan="4">西式肉制品加工</th></tr>
<tr><td>获取信息</td><td colspan="4">（5）如何操作才能保证西式肉制品的品质?</td></tr>
<tr><td>制订计划</td><td colspan="4"></td></tr>
<tr><td rowspan="6">任务实施</td><td colspan="4">按照预先制订的计划，完成本任务，并记录任务实施的过程。</td></tr>
<tr><td>序号</td><td>完成的任务</td><td>遇到的问题</td><td>解决办法</td></tr>
<tr><td></td><td></td><td></td><td></td></tr>
<tr><td></td><td></td><td></td><td></td></tr>
<tr><td></td><td></td><td></td><td></td></tr>
<tr><td></td><td></td><td></td><td></td></tr>
</table>

任务准备

一、知识准备

（一）灌肠

我国习惯将由国外引入的加工方法制成的熟制肠称为灌肠。香肠和灌肠虽然都是以肉为主要原料，经切碎或绞碎并添加各种调味料及其他辅料后，灌入肠衣或其他包装材料内的一种肉食品，但由于原料种类、加工工艺过程、技术要求、调味料、辅助材料不同等原因，在风味上有很大不同。

譬如，香肠的原料基本上是猪肉，而灌肠除猪肉外，还有牛肉。在加工方法和技术要求上，香肠的肥肉、瘦肉都需切成小方块，灌肠则需绞碎、剁碎或肥膘切块。调味料和辅料也不同，香肠一般要加酱油，灌肠则不加；灌肠一般多添加淀粉，而香肠不加。香肠制作还有一个较长时间的晾挂成熟过程，而灌肠除很少部分外，绝大部分没有这一过程，因此风味不同。

西式灌肠制品种类繁多，分类方法也很多，有生鲜香肠，即原料肉不经腌制、绞碎后加入香辛料和调味料灌入肠衣内而成，多以产地命名；也有生熏，这类制品可以采用腌制或不经腌制的原料，经过熏烟处理但不进行熟制，食用前要熟制。熟熏肠，原料肉经过腌制、绞碎、斩拌后灌入肠衣，再经熟制、熏烟后供食用。另外还有干制、半干制香肠之类。不论哪种灌肠，其原料都要经绞切、斩拌或乳化成肉馅（肉丁、肉糜或其混合物）添加调味料、香辛料或其他辅料灌入肠衣，再经烘烤、蒸煮、熏烟、发酵、干燥等工艺处理。

（二）西式火腿

西式火腿一般由猪腿加工而成，因与我国传统火腿的形状、加工工艺、风味等不同，习惯上称其为西式火腿，包括带骨火腿、去骨火腿、盐渍火腿等。西式火腿中除带骨火腿为半成品，食用前需熟制外，其他种类的火腿均为可直接食用的熟制品。其产品色泽鲜艳，肉质细嫩、味道鲜美，适于大规模生产，且制品腌制后加以烟熏，增强了产品的贮藏性。

（三）培根

培根，其原意是烟熏肋条肉（即方肉）或烟熏咸背脊肉。其风味除带有适口的咸味外，还具有浓郁的烟熏味，培根外皮油润呈金黄色，皮质坚硬，瘦肉呈深棕色，切面肉色鲜艳。培根有大培根、排培根和奶培根之别，不论哪种培根其制作工艺均相似。

二、材料准备

（一）搜集相关的资料

调查当地西式肉制品的市场情况、加工技术要领以及所需的工具等。

（二）学习相关技术

通过各种渠道，学习如何制作培根、香肠等制品，学习其加工技术要领。

（三）学习如何进行技术指导

思考如何给村民比较完备的技术指导，通过什么形式进行知识讲解。

三、工具准备

此部分需学生自行思考并填写。

四、人员准备

人员分组，每组 5 人。明确职责分工。

人员分工表

任务角色	任务内容
组长：	任务：
组员 1：	任务：
组员 2：	任务：
组员 3：	任务：
组员 4：	任务：

任务实施

一、实施内容

学习相关的理论知识，确定市场上主要的西式肉制品的类型、价格、生产厂家等，确定主要讲解的产品及其技术要领，确定如何撰写项目规划书。

二、实施方法

认真思考如何才能获取更有价值的信息，通过哪些渠道获取信息资料，掌握如何使用工具，通过什么方式呈现内容，提供一份完整的项目规划书。

三、实施流程

第一步：调查西式肉制品的相关市场及产品。
第二步：调查西式肉制品的分类及制作方法。
第三步：结合该地区的实际情况，设计生产方案。
第四步：学习撰写规划书。
第五步：讲解内容。

任务检测

在线测试

任务评价

工作任务完成过程评价表

班级：＿＿＿＿＿＿＿＿ 组别：＿＿＿＿＿＿＿＿ 姓名：＿＿＿＿＿＿＿＿

项目	评分标准	自我评价	小组评价	教师评价
理论知识	（1）了解西式肉制品的市场			
	（2）掌握西式肉制品的分类及特点			
	（3）掌握西式肉制品的加工技术要领			

（续表）

项目	评分标准	自我评价	小组评价	教师评价
实操技能	（1）能够提供西式肉制品的有关市场信息			
	（2）能够加工制作部分西式肉制品			
	（3）能够搜集和分析信息，筛选正确的信息			
	（4）能够提供有效的技术指导			
思政素养	（1）树立实事求是的工作作风			
	（2）培养学生严谨认真的工作理念			
合计				
自我评价与总结				
教师点评				

课程思政专栏

市监总局回应“3·15”曝光肉类问题

2024年“3·15”晚会《梅菜扣肉里的“糟心肉”》案例，引发了公众和市场对肉类产品等领域食品安全问题的高度关注。

“3·15”记者从国家市场监督管理总局了解到，国务院食安办、公安部、农业农村部、市场监管总局2024年将在全国范围内部署开展“严厉打击肉类产品违法犯罪专项整治行动”。而这一专项整治行动，也是对“3·15”晚会的积极回应。

国家市场监督管理总局食品安全协调司司长司光介绍，近年来，我国肉类产品质量安全状况持续向好，但一些地区肉类产品违法犯罪行为仍时有发生，不但扰乱市场秩序，而且威胁人民群众身体健康。此次开展的“严厉打击肉类产品违法犯罪专项整治行动”，将以生猪、肉牛、肉羊、肉鸡为重点。采取监督检查、明察暗访、抽检监测等方式，深挖违法犯罪源头线索，对畜禽养殖、屠宰、无害化处理、肉及肉制品生产经营，开展全链条专项整治，坚决斩断非法屠宰、加工、销售网络等黑色利益链。

此次行动中，将查处一批重点案件、关停一批违法经营主体、惩处一批违法犯罪分子、曝光一批典型案例。对肉类产品违法犯罪行为进行严厉打击，将形成有力震慑，进一步规范从业者生产经营行为，健全肉类产品质量安全长效机制，切实保障人民群众饮食安全。（来源：中国消费者报）

【启示】食品安全是我国一个不容忽视的问题，而我国出台的食品安全法有力地激发了大众创业、万众创新的深厚潜力，更好地满足人民群众对美好生活的新期待。我们也应当秉持“以人为本，安全第一”的理念。食品安全需要你我的参与，食品安全需要你我共同的努力。生命的美好从健康做起，身体的健康从食品安全做起，食品的安全将从你我开始！

任务八 肠衣加工

任务导入

2024 年 1 月初，门源县现代产业园内的门源县牛羊标准化屠宰场生产线实现试屠宰，为促进门源县肉质产品规范化、规模化、标准化、产业化和市场化，推进畜产品精深加工奠定了坚实基础。

此项目总投资 3 670.67 万元，占地面积约 6.19 公顷，其中屠宰场建设用地约 2.43 公顷，预留二期建设用地 3.76 公顷。

项目建有待宰圈，标准牛、羊屠宰线各 1 条，简易牛、羊屠宰生产线 3 条，含分割车间、速冻库、冷库、制冷机房、污水处理用房、无害化处理用房、水泵房及消防水池等，屠宰产能达到每年 10 万头牛，20 万只羊，极大满足了门源县牲畜屠宰的需求。

这座标准化屠宰场建成投产，对突破门源特色养殖业发展瓶颈，保障牛羊肉质量安全、屠宰卫生环保，实现畜牧业发展从牧场到餐桌紧密衔接，提高生产能力，起到了积极的推动作用，也为促进“万只藏羊、千头牦牛”养殖基地发展，带动县域及周边牛羊养殖及肉类批发销售，发挥门源区位优势、交通运输优势，解决群众就业问题等提供了“内核动力”。

该屠宰场结合其生产优势，准备加工生产肠衣制品，请你给他们提供生产方案。

任务工单

班级：________　姓名：________　学号：________

任务名称	肠衣加工
任务描述	根据实际情况，填写本任务的内容、目的、流程和方法。 任务内容：________ ________ 任务目的：________ ________ 任务流程：________ ________ 任务方法：________ ________

（续表）

<table>
<tr><th>任务名称</th><th colspan="4">肠衣加工</th></tr>
<tr><td>获取信息</td><td colspan="4">要完成任务，需要掌握相关的知识。请你搜集资料，回答以下几个问题。
（1）肠衣的用途是什么？

（2）肠衣的制作流程有哪些？

（3）肠衣制作时有哪些注意事项？</td></tr>
<tr><td>制订计划</td><td colspan="4"></td></tr>
<tr><td rowspan="6">任务实施</td><td colspan="4">按照预先制订的计划，完成本任务，并记录任务实施的过程。</td></tr>
<tr><td>序号</td><td>完成的任务</td><td>遇到的问题</td><td>解决办法</td></tr>
<tr><td></td><td></td><td></td><td></td></tr>
<tr><td></td><td></td><td></td><td></td></tr>
<tr><td></td><td></td><td></td><td></td></tr>
<tr><td></td><td></td><td></td><td></td></tr>
</table>

任务准备

一、知识准备

（一）肠衣的概念及用途

家畜屠宰后的新鲜肠管，一般被称为原肠或毛肠。经过加工除去肠内外各种不需要的组织，剩下一层坚韧半透明的薄膜（猪肠和羊肠为黏膜下层），称为肠衣。我国很早以前，就开始利用羊肠制造弓弦和弹棉花用的弦线等，但大部分没有被很好地利用，直到后来利用肠衣灌制香肠，才逐渐引起人们的重视。除此以外，还可以制成做外科手术用的肠线等。

（二）肠衣的种类

肠衣依据原料可分为猪肠衣、羊肠衣、牛肠衣，其中以猪肠衣为主。我国出口贸易中大部分为猪肠衣，其次为羊肠衣。羊肠衣分为绵羊肠衣和山羊肠衣，绵羊肠衣比山羊肠衣价格高。牛肠衣分为黄牛肠衣和水牛肠衣，黄牛肠衣价格较高。肠衣还可以分为大肠衣和小肠衣等。肠衣按成品种类可以分为盐渍肠衣和干制肠衣。

1. 盐渍肠衣

猪、绵羊、山羊的小肠均可制作盐渍肠衣。此外，牛小肠和直肠也可制作盐渍肠衣。盐渍肠衣富有韧性和弹性，品质较佳。

2. 干制肠衣

干制肠衣以猪、牛小肠最多。干制肠衣质地较薄，弹性差，柔韧性差。肠衣的加工较为简单，既可大规模机械加工，又可手工作坊式生产，是一项操作方便、投资少、收效快的副业。

二、材料准备

（一）搜集相关的资料

查阅资料，了解肠衣的用途，调查肠衣的种类、市场信息、制作工艺及其相关要求等。

（二）调查肠衣的加工制作过程

通过网络等途径，学习肠衣的加工制作过程，掌握其技术要领及注意事项。

（三）学习如何撰写生产方案

学习生产方案的撰写，确定撰写的内容等。

三、工具准备

此部分需学生自行思考并填写。

四、人员准备

人员分组，每组 5 人。明确职责分工。

人员分工表

任务角色	任务内容
组长：	任务：
组员 1：	任务：
组员 2：	任务：
组员 3：	任务：
组员 4：	任务：

任务实施

一、实施内容

搜集肠衣的有关市场信息，明确肠衣的用途、加工方法和注意事项，学习肠衣生产方案的撰写。

二、实施方法

认真思考如何才能获取更有价值的信息，通过哪些渠道获取信息资料，如何学习各种加工器械的使用，如何学习肠衣的加工技术，通过哪些途径学习肠衣生产方案的撰写。

三、实施流程

第一步：调查肠衣制品的相关市场及产品。
第二步：调查肠衣制品的分类、用途及制作方法。
第三步：结合实际情况，选择要制作的产品及其工艺。
第四步：选择所需的工具和材料。
第五步：设计生产方案。

任务检测

在线测试

任务评价

工作任务完成过程评价表

班级：__________ 组别：__________ 姓名：__________

项目	评分标准	自我评价	小组评价	教师评价
理论知识	（1）了解肠衣制品的相关市场和用途			
	（2）掌握肠衣的制作方法			
	（3）掌握肠衣制作的注意事项			

（续表）

项目	评分标准	自我评价	小组评价	教师评价
实操技能	（1）能够提供肠衣制品的相关市场信息			
	（2）能够加工、生产肠衣			
	（3）能够搜集和分析信息，筛选正确的信息			
	（4）能够提供技术案例			
思政素养	（1）培养学生精益求精的精神			
	（2）培养学生的科学思想			
	（3）培养学生的责任意识			
合计				
自我评价与总结				
教师点评				

课程思政专栏

顾客买手工香肠后索要 10 倍赔偿

近日，湖北武汉硚口区法院审理的一起案件引发了广泛关注。顾客程某在胡某经营的灌香肠店购买香肠后，以购买的手工制作香肠外包装上未标注生产日期、产品生产代号、生产许可证编号，属于“三无产品”为由，要求胡某支付10倍商品价款赔偿金。

顾客程某先向工商部门投诉，又向武汉市硚口区法院起诉，以消费者权益受损为由，要求退还货款 7 340 元并支付惩罚性赔偿金 73 400 元，但一审和二审法院均驳回了程某的诉讼请求。法院如此判决的依据和理由是什么？

2021 年 12 月 11 日，顾客程某来到位于武汉市硚口区的一家手工香肠店，花 240 元买了一份 3 千克礼盒装的灌香肠，专门叮嘱要真空包装。第二天，程某又来到店里，买了 30 盒灌香肠，共 90 千克，总价 7 100 元。

但两天后，程某再次来到店里，称真空包装的香肠没有贴生产许可证号，属于“三无”产品，要求 2 万元赔偿，店主对此予以拒绝。

店主称，当时程某还拿着手机全程摄像，当月 15 日，程某向工商部门投诉，未获支持。2022 年 6 月，程某又到武汉市硚口区法院进行起诉，以消费者权益受损为由，要求退还货款 7 340 元并支付惩罚性赔偿金 73 400 元。

承办法官、硚口区法院民一庭副庭长李晓丹介绍，受理此案后，他们开展了涉企案件经济影响评估，经实地走访了解到，该店在周边的口碑还不错，是具有一定市场活力的商户。“从营商环境角度，如果支持了10倍赔偿，可能对其他的商家也会有一些影响。”

针对程某的投诉，硚口区市场监督管理局曾做出调查报告，认为“香肠现场制售未纳入食品小作坊禁止生产加工的食品品种”，“当事人办理了食品经营许可证，说明当事人已经尽到合法经营的义务”。据此，该店的经营行为属于合法经营，不予立案。

李晓丹介绍，实际上国家对现场制售的手工加工的食品，没有强制性规定必须跟预包装食品一样的规范。一般来说，家庭式的作坊在包装上比较简单，但是没有达到违反《中华人民共和国食品安全法》规定的需要10倍赔偿的条件。

法院还认为，程某购买的产品为手工制作香肠，属于冬季节令性食品，该香肠为被告现制现售，并不适用预包装食品的标签规定，目前国家对现制现售食品并无相应强制性规定。

此外，现场制售的香肠不属于食品生产环节，无须申请办理食品生产许可证书，故涉案产品不存在生产代号和许可证编号。程某明知香肠的生产日期，也无证据证明香肠存在实质上的食品安全问题。该店按程某要求对购买的香肠进行简易包装，购买的香肠仅存在标签上的瑕疵。

北京市地石律师事务所律师窦冬辰表示，惩罚性赔偿有别于一般的损害赔偿，其对行为人具有惩罚性，即除弥补受害人的实际损失外，还要给予受害人额外的金钱赔偿，但无论惩罚性赔偿还是一般的损害赔偿，其适用的前提都是有损害的事实。“从本案的实际情况来看，因为程先生没有受到任何形式的损害，所以其诉讼请求难以得到支持。”

中国人民大学法学院教授刘俊海表示，惩罚性赔偿请求权作为消费者依法享有的法定权利，有一定的行使门槛。

“既要维护消费者合法权益，又不能打击个体工商户的市场活力和积极性。”李晓丹表示，相关商户要充分认清散装食品销售的法律风险，规范使用食品外包装，全面履行商品属性的告知义务，减少类似纠纷产生。作为消费者，也不能滥用惩罚性赔偿。（来源：环球时报）

【启示】 类似的肉制品或其他食品手工加工商户还是要充分认清商品销售的法律风险，认真遵守和规范使用食品外包装，全面履行商品属性的告知义务，减少类似纠纷产生；作为消费者，也要合情合理使用自己的权利，不能滥用惩罚性赔偿。法院将携手市场监管部门共同加强对商户的法律宣传，合力推动食品市场规范经营，维护消费者知情权，助力中小微市场主体健康发展。

项目四 乳制品

项目导读

乳是哺乳动物分娩后由乳腺分泌的一种具有营养作用与胶体特性的白色或稍带黄色的不透明液体，是水与营养物质均匀混合构成的分散体系。它含有幼儿生长发育所需要的全部营养物质，是哺乳动物出生后最适于消化吸收的完全食物。由于泌乳的时期、生理、病理或其他因素的影响，乳的成分发生变化，通常按这种变化情况将乳分为“初乳”“常乳”“末乳”和“异常乳”。所谓异常乳，是指由于生理、病理等因素的影响，在成分和性质上与常乳不同的乳，这种乳一般不能作为加工乳制品的原料。初乳（产犊后一周以内的乳）色黄、浓厚并有特殊气味，干物质含量高。干物质中以蛋白质和盐类含量为高，尤其对热不稳定的乳清蛋白、球蛋白和白蛋白含量更高，而且含有较多的免疫球蛋白，为幼儿生长所必需。初乳含有丰富的维生素，尤其富含维生素 A 和维生素 D，但初乳的热稳定性差，加热时凝固，因此不能作为加工原料。末乳也称为老乳，即干奶前 2 周所产的乳，其成分除脂肪外均较常乳高，有苦而微咸的味道，解脂酶多，常有油脂氧化味，也不适于作为乳制品的原料。因此，初乳、末乳均属异常乳。从用作加工原料的角度而论，天然乳基本上可分为常乳和异常乳。常乳即产犊 7 d 以后至干乳期开始前所产的乳。常乳的成分及性质基本稳定，为加工乳制品的原料。

乳制品行业是现代农业和食品工业的重要组成部分，属于“日常消费品”行业板块，在全球行业分类标准（GICS）中细分至“包装食品与肉类”子行业。这个行业主要涉及以牛乳或羊乳及其加工制品为基础原料的食品生产。在产品分类上，乳制品大体可以分为四大类，即白奶、酸奶、奶酪以及其他乳制品。白奶和酸奶是流行的液态乳制品，它们通过净化、均质和杀菌工艺制成，并根据灭菌方式和保质期限不同，进一步可细分为常温奶和低温奶。这些产品构成了中国市场乳制品消费的主要组成部分。而黄油和奶酪属于干酪品类，是由新鲜牛乳经过分离、均质和巴氏杀菌后，通过发酵和凝乳工艺制成的，具有较高的营养价值。本项目主要介绍乳制品加工的原料乳的检验及质量控制、原料乳处理、消毒乳加工、酸乳加工、奶油加工、干酪加工。

知识目标

了解乳的基本特性，了解乳制品的种类，掌握乳制品加工的原料乳检验及质量控制的方法和原理、掌握如何进行原料乳处理、掌握消毒乳加工方法、掌握酸乳加工技术、掌握奶油加工技术原理和方法、掌握干酪加工方法。

技能目标

能够对原料乳进行质量检验和质量控制；能够对原料乳进行处理；能够掌握原料乳消毒的方法；能够加工制作酸乳、奶油和干酪等乳制品。

素质目标

能够整合各生产加工流程，具有安全生产意识，注重食品质量。能够了解到乳制品的生产对于乡村振兴和农业发展的重要意义。

任务一　原料乳检验及质量控制

任务导入

青海金祁连乳业有限责任公司，位于青海省海北藏族自治州祁连县冰沟工业园区，是一家专业生产牦牛乳制品的企业。公司坐拥美丽的祁连山大草原，这里海拔在 2 500 ~ 5 000 米，牧草资源十分丰富，天然牧草间广布柴胡、黄芪、虫草等野生植物及黄蘑等菌类。公司充分利用祁连山大草原珍贵的牦牛资源，与国内外多家高等院校、科研单位合作，借鉴藏族群众千百年传承的牦牛奶品加工工艺，融入现代科技，以领先行业的最高标准生产纯正、纯真、高品质的牦牛乳制品。

目前该企业新进一批原料乳，请你结合所学知识，帮助该企业工作人员进行原料乳的验收。

任务工单

班级：__________　姓名：__________　学号：__________

任务名称	原料乳的验收
任务描述	根据实际情况，填写本任务的内容、目的、流程和方法。 任务内容：__________ 任务目的：__________ 任务流程：__________ 任务方法：__________
获取信息	要完成任务，需要掌握相关的知识。请你搜集资料，回答以下几个问题。 （1）异常乳的分类有哪些？ （2）原料乳感官要求、理化指标和细菌指标分别是什么？ （3）各种异常乳的成因是什么？

（续表）

<table>
<tr><th>任务名称</th><th colspan="4">原料乳的验收</th></tr>
<tr><td>获取信息</td><td colspan="4">（4）乳中微生物及其在贮藏期间的变化有哪些？

（5）原料乳质量控制的意义是什么？</td></tr>
<tr><td>制订计划</td><td colspan="4"></td></tr>
<tr><td rowspan="6">任务实施</td><td colspan="4">按照预先制订的计划，完成本任务，并记录任务实施的过程。</td></tr>
<tr><td>序号</td><td>完成的任务</td><td>遇到的问题</td><td>解决办法</td></tr>
<tr><td></td><td></td><td></td><td></td></tr>
<tr><td></td><td></td><td></td><td></td></tr>
<tr><td></td><td></td><td></td><td></td></tr>
<tr><td></td><td></td><td></td><td></td></tr>
</table>

任务准备

一、知识准备

（一）原料乳的质量标准

根据 GB 19301—2010《食品安全国家标准 生乳》规定，原料乳的质量标准包括感官指标、理化指标和细菌指标，即原料乳必须符合下列要求。

1. 感官指标

采用由健康牛挤出的新鲜天然乳汁；产犊前 15 d 内的末乳和产犊后 7 d 内的初乳不得使用；不得含有肉眼可见的机械杂质；具有纯净的新鲜乳的滋味和气味，不得有异味；形状为均匀无沉淀的液体，呈浓厚黏性者不得使用；色泽应呈白色或稍呈黄色，不得呈红色、绿色或显著的黄色；不得使用防腐剂。

2. 理化指标

理化指标只有合格指标，不再分级。鲜乳理化指标见表 4–1。

表 4–1　鲜乳理化指标

项目	指标
密度 /（20 ℃ /4 ℃）	≥ 1.028 0

（续表）

项目	指标
脂肪 / %	≥ 3.10
蛋白质 / %	≥ 2.95
酸度 /（以乳酸表示，%）	≤ 0.162
杂质度 /（mg/kg）	≤ 4
汞 /（mg/kg）	≤ 0.01
滴滴涕 /（mg/kg）	≤ 0.1

3. 细菌指标

细菌指标有两种，均可采用。采用平皿培养法计算细菌总数，或采用美蓝还原褪色法，按美蓝褪色时间分级指标进行评级，两者只允许用其一，不能重复。原料乳细菌指标见表 4–2，细菌指标分为 4 个级别。

表 4–2　原料乳细菌指标

分级	平皿细菌总数分级指标法 /（万个 /mL）	美蓝褪色时间分级指标法
Ⅰ	≤ 50	≥ 4 h
Ⅱ	≤ 100	≥ 2.5 h
Ⅲ	≤ 200	≥ 1.5 h
Ⅳ	≤ 400	≥ 40 min

（二）异常乳

1. 异常乳的概念

正常乳的成分和性质基本稳定，当乳牛受到饲养管理、疾病、气温以及其他各种因素的影响时，乳的成分和性质往往会发生变化，这种乳即为异常乳，不适合作为加工乳制品的原料乳。

2. 异常乳的种类

异常乳
- 生理异常乳——初乳、末乳、低成分乳
- 化学异常乳
  - 高酸度酒精阳性乳、低酸度酒精阳性乳
  - 冻结乳
  - 混入异物乳、风味异常乳
- 微生物污染乳
- 病理异常乳——乳房炎乳、其他病牛乳

二、材料准备

（一）搜集相关的资料

查阅资料，了解原料乳检验的相关要求、技术要领、检验的方法、检验的项目及需要的器械等。

（二）学习检验的技术

通过各种渠道，学习如何进行原料乳的检验工作。

（三）查阅技术流程

查阅资料，学习原料乳验收的技术流程、具体步骤及其方法。

三、人员准备

人员分组，每组 5 人。明确职责分工。

人员分工表

任务角色	任务内容
组长：	任务：
组员 1：	任务：
组员 2：	任务：
组员 3：	任务：
组员 4：	任务：

任务实施

一、实施内容

明确学习的内容和方法，明确原料乳检验的内容，明确原料乳质量把控从哪几个方面入手等。

二、实施方法

认真思考如何才能获取更有价值的信息，通过哪些渠道获取信息资料，并对这些资料进行加工整理，形成原料乳验收的方案。

三、实施流程

第一步：调查原料乳的相关质量要求。

第二步：调查原料乳检验的方法和步骤。

第三步：调查原料乳检验中器械的使用。

第四步：调查原料乳检验的注意事项。

第五步：形成原料乳验收的技术方案。

任务检测

在线测试

任务评价

工作任务完成过程评价表

班级：______________ 组别：______________ 姓名：______________

项目	评分标准	自我评价	小组评价	教师评价
理论知识	（1）掌握原料乳的质量要求			
	（2）掌握异常乳形成的原因和分类			
	（3）掌握原料乳检验的技术要求			
实操技能	（1）能够把控原料乳的质量			
	（2）能够进行原料乳的检验和验收			
	（3）能够搜集和分析信息，筛选正确的信息			
	（4）能够提供有效的技术指导			
思政素养	（1）能够严格把控原料乳的质量，树立食品安全意识			
	（2）能从全局上筹划相关事项或行动的具体安排			
合计				
自我评价与总结				

（续表）

项目	评分标准	自我评价	小组评价	教师评价
教师点评				

课程思政专栏

青海省配合生鲜乳质量安全监测工作

根据农业农村部畜牧兽医局《关于开展2021年生鲜乳质量安全监测和监督抽查工作的通知》要求，辽宁省农产品及兽药饲料产品检验检测院一行2人于2021年9月26日至9月29日赴青海省开展生鲜乳质量安全监测工作，青海省农业农村厅畜牧业处会同省畜牧总站积极配合工作组开展此次工作。

工作组对照《生鲜乳收购站和运输车辆标准化管理现场检查内容和判定标准》，现场检查了青海省生鲜乳收购站和生鲜乳运输车辆标准化管理情况，认真查验了生鲜乳收购站“两证一单”，查阅了生鲜乳常规检测记录、收购、销售记录、留样记录、检测记录及从业人员健康证等相关档案。

除现场检查外，此次监测通过生鲜乳采样、分拣、包装、填写工作单、生鲜乳第一责任人及监管人员签字等工作程序，抽检了全省生鲜乳收购站及生鲜乳运输车辆样品国标任务3批次、例行任务9批次，对碱类物质、β－内酰胺酶等项目进行了当日检测，每个抽检样品除用于现场检测外，1份留受检单位冷冻保存，1份由工作组带回检测，1份用于异议复检。结合上半年抽检工作，至此圆满完成了全年生鲜乳收购站、运输车辆全覆盖抽检国标6批次、例行18批次的抽检任务。据了解意见，现场检查和检测项目均未发现异常情况，当前青海省生鲜乳总体质量安全状况良好。青海省将以此次抽检为契机，进一步加大生鲜乳监管监测力度，确保全省生鲜乳质量安全。（来源：青海省农业农村厅）

【启示】近年来，我国乳品行业充分认识到了质量安全的重要性，从源头抓起。一方面，纷纷自建规模性牧场，严格控制原料乳的质量，自觉完善质量安全控制体系，严格执行检测、召回和质量安全自查自纠制度，配备专职安全管理人员；另一方面，在企业内部建立检测实验室、研发中心与可追溯平台，加大乳品质量安全控制和科技投入，确保乳品的质量与安全。

任务二　原料乳的处理

任务导入

在完整的奶业产品链中，原料乳的生产位于产业上游，其质量直接关乎最终乳制品的风味、感官、理化、卫生、营养与安全等。只有好的原料乳，才能生产出好的乳制品，后期的加工并不能改变乳制品的基本质量。

某企业收购了一批原料乳，请你帮助他们对原料乳进行初步处理，方便后期的贮存和加工。

任务工单

班级：＿＿＿＿＿＿＿＿　姓名：＿＿＿＿＿＿＿＿　学号：＿＿＿＿＿＿＿＿

任务名称	原料乳的处理
任务描述	根据实际情况，填写本任务的内容、目的、流程和方法。 任务内容：＿＿＿＿＿＿＿＿ ＿＿＿＿＿＿＿＿ 任务目的：＿＿＿＿＿＿＿＿ ＿＿＿＿＿＿＿＿ 任务流程：＿＿＿＿＿＿＿＿ ＿＿＿＿＿＿＿＿ 任务方法：＿＿＿＿＿＿＿＿ ＿＿＿＿＿＿＿＿
获取信息	要完成任务，需要掌握相关的知识。请你搜集资料，回答以下几个问题。 （1）原料乳的质量标准是什么？ （2）异常乳和乳中微生物的来源和种类有哪些？ （3）原料乳质量控制的作用是什么？ （4）乳的感官指标、理化指标、细菌指标包括哪些？

（续表）

<table>
<tr><td>任务名称</td><td colspan="4">原料乳的处理</td></tr>
<tr><td>制订计划</td><td colspan="4"></td></tr>
<tr><td rowspan="6">任务实施</td><td colspan="4">按照预先制订的计划，完成本任务，并记录任务实施的过程。</td></tr>
<tr><td>序号</td><td>完成的任务</td><td>遇到的问题</td><td>解决办法</td></tr>
<tr><td></td><td></td><td></td><td></td></tr>
<tr><td></td><td></td><td></td><td></td></tr>
<tr><td></td><td></td><td></td><td></td></tr>
<tr><td></td><td></td><td></td><td></td></tr>
</table>

任务准备

一、知识准备

（一）乳的分离

牛乳脂肪的密度为 0.93 kg/m³，而脂肪以外成分的密度为 1.034 kg/m³。所以当乳静置时，由于重力的作用，脂肪球上浮，使乳的上层形成脂肪率较高的部分，习惯上把这部分称为稀奶油，下面含脂肪较少的部分称为脱脂乳。把乳分为稀奶油和脱脂乳的过程称为乳的分离。乳的分离是一项很重要的操作，因此充分了解乳的分离原理、分离技术和分离方法有很重要的意义。

1. 乳的分离原理

乳中分离出稀奶油的原理是根据乳脂肪与乳中其他成分密度的不同，由于静置时重力的作用或离心分离时离心力的作用，使密度不同的两部分分开。

2. 乳的分离方法

乳的分离方法可分为静置法和离心分离法。

（1）静置法。在没有分离机之前，人们将牛乳倒入深罐或盆内，静置于低温处，经 24 ～ 36 h 后，致使比重轻的脂肪球逐渐上浮到表面，形成含脂率 15% ～ 20% 的稀奶油层，这种将乳分离为稀奶油和脱脂乳两部分的方法称为静置法。此法的缺点为脂肪损失多，所需时间长，酸度增高，体积大，生产能力低。

（2）离心分离法。由于静置法有上述缺点，后来根据离心力的作用，发明了连续式牛乳分离机，提高了生产效率，保证了质量。目前分离机除用于乳的分离外，乳的净化、标准化、均质等均采用分离机。此外，还有三用分离机（分离、净乳、调节脂肪）、离心均质净乳机和低温牛乳分离机（分离温度为 4.5 ℃，脱脂乳含脂肪 0.01%）等新产品。

（二）乳的热处理

热处理是乳品加工工艺中一个最重要的操作过程，所有乳制品的生产都需要热处理。其主要目的在于公共卫生要求杀菌和灭菌，破坏酶的活性和增强贮藏性。热处理也会发生一系列变化，这些变化决定了热处理的强度，即加热的温度和受热的时间。热处理也会带来不好的现象，诸如褐变、风味变化、营养物质损失、菌抑制剂失活以及对凝乳力的损害，因此必须谨慎使用热处理。

（三）乳的均质

几乎所有的乳制品都要进行均质处理，所谓均质是利用强力的机械作用使乳脂肪球破碎成小颗粒的工艺处理过程。

1. 均质的目的

均质的目的是防止脂肪球上浮分层，减少酪蛋白沉淀，改善原料或产品的特性，使添加成分分布均匀，同时改善消化吸收。原料乳中的脂肪球直径一般为 2.5 ～ 5.0 μm，小的为 0.1 ～ 2.2 μm，平均为 3.0 μm，经均质后大部分为 1 μm 左右。另外，含有解脂酶的均质乳增加了脂肪分解，因此应避免均质生牛乳，或者将均质后的乳迅速通过巴氏杀菌以使解脂酶失活，要避免均质乳与原料乳相混合，以防脂肪被分解。

2. 均质的原理

均质机是由高压泵和均质阀组成，只要选择一个合适的均质压力，料液通过窄小的均质阀而获得较高的速度，导致剧烈湍流，形成的小涡流中产生了较高的料液流速梯度引起压力波动，打散微粒。牛乳在高压泵的作用下通过均质阀，其中大的脂肪球被粉碎成小的颗粒是发生在第一级阀上。但小的脂肪球仍会成群结块，而第二级的均质阀的作用则是把结块的脂肪球群打散成单个的小脂肪球分散于乳中。

均质后的牛乳不仅脂肪球被粉碎，而且蛋白质胶粒亦变小，故当牛乳凝固时，形成了软凝块乳，黏度有所增高而组织质地润滑。

（四）乳的浓缩

乳浓缩是指用减压加热的方法，使牛乳中的水分汽化，并不断蒸发，从而提高牛乳中干物质含量的工艺处理过程。为了减少牛乳营养成分的损失，一般都在减压条件下进行蒸发，即真空浓缩。生产炼乳和乳粉时常用此工艺处理。

1. 乳浓缩的目的

（1）生产炼乳、乳粉、浓缩酸奶等乳制品时需要将乳、脱脂乳、乳清或其他原料乳中的水分蒸发，以提高乳干物质含量或减小产品的体积并延长保质期。

（2）浓缩是生产干燥乳制品的中间环节，如乳粉生产。

（3）通过浓缩结晶，从乳清中生产乳糖。

2. 乳浓缩的方法

乳品工业上常采用真空浓缩的方法。

（1）真空浓缩设备。乳的真空浓缩设备很多，按加热部分的结构可分为盘管式、直管式和板式；按二次蒸发利用次数可分为单效和多效（包括双效）；按物料在蒸发器中的流向可分为升膜式和降膜式，通常采用降膜式。

（2）真空浓缩的特点。真空浓缩具有以下几个特点。

①受热时间短。如在降膜式蒸发器中乳的停留时间仅为 1 min，这样牛乳可以避免受高温作用而造成乳的营养成分损失，对产品的色泽、风味、溶解度等都有好处。

②减压条件。在减压条件下乳的沸点降低，如当真空度为 20 kPa 时，其沸点仅为 56.7 ℃，由于牛乳沸点降低，提高了加热蒸汽和牛乳的温差。例如，在常温下浓缩，1 kg/cm^2 加热蒸汽的温度为 120 ℃，牛乳的沸点为 100.55 ℃，温差为 20 ℃；而在真空浓缩条件下，牛乳的沸点为 50 ℃，温差为 70 ℃。即温差为常温下的 3.5 倍，从而增加了热交换器的热交换速度，提高了浓缩效率。

③沸点低。由于沸点降低，在热交换器壁上结集现象也大为减少，便于清洗，有利于提高传热效率。

④密闭条件。真空浓缩是在密闭容器内进行的，避免了外界污染。

⑤节约能源。作为干燥乳制品生产的一个环节，真空浓缩除水要比直接干燥除水节约能源，如乳喷雾干燥每蒸发 1 kg 水需要蒸汽 3 ～ 4 kg，而在单效真空蒸发器中消耗蒸汽 1.1 kg，由于单效蒸发产生的水蒸气可作为下一效的热源，故在双效真空蒸发器中仅消耗蒸汽 0.4 kg。因此，能耗大为降低。

（五）乳及乳制品的干燥

乳及乳制品的干燥是乳粉生产的专用过程，即借助离心力和压力的作用使物料在干燥室内喷成雾滴，再用热空气干燥成粉末的工艺过程。干燥通常用来生产易于保存、加水后可还原、其性质与原始状态相似的食品。

1. 干燥的目的

干燥的目的是要求最大限度地除去乳及乳制品中的水分，以抑制产生不可逆的物理化学变化。

2. 乳及乳制品的干燥方法

用于乳与乳制品生产的干燥方法有冷冻干燥和加热干燥。

（1）冷冻干燥。冷冻干燥是在真空条件下依靠升华将水分除去的方法，该方法对乳蛋白的性能没有影响，因此可生产出高质量的乳制品，但由于生产成本较高而难以普及推广。

（2）加热干燥。对于乳制品工业，加热干燥中主要采用喷雾干燥的方法，目前国内外广泛采用压力式喷雾干燥和离心式喷雾干燥。离心式喷雾干燥中，浓缩乳的雾化是借助一个水平方向高速旋转的圆盘来完成的。其雾化原理是：当浓缩乳在泵的作用下进入高速旋转的圆盘（转速在 10 000 r/min）中央时，借助离心力作用高速被甩向四周，从而达到雾化的目的。雾化状态的优劣取决于圆盘的结构及圆周的速度，浓缩乳的流量与流速、浓缩乳的物理性质等因素。

（六）乳品加工设备的清洗消毒

1. 清洗消毒的目的

清除物料管道内、单元设备内残存的乳成分和污垢；杀灭管道内微生物，防止细菌滋生；有利于热交换和节能降耗。

2. 清洗剂的选择

清洗剂主要作用为乳化、润湿、松散、溶解功能等。常用的有碱类、酸类、润湿剂类、整合剂类等。乳品加工厂应考虑选择既经济又清洁效果好的环保型清洁剂。

3. 清洗消毒的方法

乳品加工设备在生产结束后一定要进行清洗消毒，先用 38 ～ 60 ℃的温水冲洗，其目的是冲洗管道和设备内残存的牛乳，温度不宜太高，避免蛋白受热变性黏附，造成清洗困难。然后用温度为 71 ～ 72 ℃的清洗剂进行冲洗，目的仍是除去容器内壁的蛋白质和脂肪等固体污垢，常用六偏磷酸钠等处理，否则会影响杀菌效果。清洗挂锡的乳桶时，为了保证桶内的锡不受腐蚀，在碱液内应添加亚硫酸钠（氢氧化钠与亚硫酸钠的比例为 4 ∶ 1）。用清洗剂清洗后，再用清水冲洗干净，并保持干燥状态。

二、材料准备

（一）搜集相关的资料

查阅资料，了解原料乳处理的基本方法、基本要求和处理的目的等。

（二）学习相关的处理技术

通过各种渠道，学习如何进行原料乳的处理。

三、人员准备

人员分组，每组 5 人。明确职责分工。

人员分工表

任务角色	任务内容
组长：	任务：
组员 1：	任务：
组员 2：	任务：
组员 3：	任务：
组员 4：	任务：

任务实施

一、实施内容

学习相关的理论知识，明确原料乳处理的目的和方法，学习相关的处理技术，进行原料乳的处理。

二、实施方法

认真思考如何才能获取更有价值的信息，通过哪些渠道获取信息资料，掌握如何使用工具，如何进行原料乳的处理。

三、实施流程

第一步：调查原料乳处理的原理。
第二步：调查原料乳处理的方法。
第三步：查阅相关的技术流程。
第四步：进行原料乳的初步处理。
第五步：撰写技术指导手册。

任务检测

在线测试

任务评价

工作任务完成过程评价表

班级：__________ 组别：__________ 姓名：__________

项目	评分标准	自我评价	小组评价	教师评价
理论知识	（1）了解原料乳处理的原理			
	（2）掌握原料乳处理的方法			
	（3）掌握原料乳处理的技术要领			

（续表）

项目	评分标准	自我评价	小组评价	教师评价
实操技能	（1）能够设计原料乳处理的流程			
	（2）能够进行原料乳的加工处理			
	（3）能够搜集和分析信息，筛选正确的信息			
	（4）能够提供有效的技术指导			
思政素养	（1）树立精益求精的工作作风			
	（2）培养学生统筹全局、长远思考的能力			
合计				
自我评价与总结				
教师点评				

课程思政专栏

青海果洛：奶产业成为农牧民就业的金名片

青海果洛藏族自治州（简称果洛州）劳务品牌“果洛乳制品”被评定为2023年度省级劳务品牌，结束了果洛州无劳务品牌的历史。

据统计，“果洛乳制品”已带动就业8 892人，其中脱贫户2 557人，年人均收入达7 300元。如今，“果洛乳制品”劳务品牌已成为一张响亮的就业招牌，撬动了果洛州一批劳动力就业，为赋能经济发展、助力乡村振兴提供了源源不断的动力。

2023年11月初，青海省第5批省级劳务品牌评选认定工作结束，青海新增10个省级劳务品牌，其中就有“果洛乳制品”。对于果洛州而言，这个劳务品牌意义重大。此前，青海省已有25个省级劳务品牌。除果洛州外，各市州均有重点打造发展的劳务品牌，如何培育发展本地适宜的劳务品牌成了果洛州相关部门的工作重点。

“果洛的特色很鲜明。作为青海牦牛主产区，果洛得天独厚的地理优势造就了牦牛畜牧产业发展的优良基础，生态畜牧业日益成为群众增收、牧业增效的‘钱袋子’。”时任果洛州就业服务局局长马忠德介绍，以当地牦牛奶为主要原料加工制成的乳制品具有很大的发展潜力。

近年来，随着产业链条的升级完善，果洛乳制品产业也充分发挥区域龙头产业的带动作用，吸引上下游供应链在当地生根，围绕乳制品生产形成了富有竞争力的产业集群，乳业提档升级，促进农村经济发展和农牧民增收，近万人通过劳务品牌实现就业。

每天，位于玛沁县大武镇的玛沁雪域格桑花土特产有限责任公司的酸奶生产车间内，一条条生产线忙碌地运转。车间班长正和工人们一起忙着灌装、搬运、装车。不一会儿，一盒盒酸奶就摞成了一座“小山”。

这位班长是玛沁县牧民，从之前的居家妇女到月收入 4 000 多元的车间班长，她通过“果洛乳制品”劳务品牌实现了就业。而在玛沁雪域格桑花土特产有限责任公司中，还有无数个例子。企业相关负责人介绍，作为目前果洛州规模最大、最具现代化水平的牦牛乳制品加工企业，已带动周边 400 多户牧户就业增收，户均增加收入 4 800 元。

玛沁雪域格桑花土特产有限责任公司只是“果洛乳制品”劳务品牌背后的其中一家企业。为了扩大产业规模，提供更多就业岗位，果洛州依据“突出重点、惠及普遍”的原则，确定州级 120 家、县级 53 家重点扶持企业，以带动更多群众加入到乳制品加工产业中来。

目前，果洛州乳制品产业就业人员分布在供应、生产、销售 3 个环节。其中，参与供应环节人员有 4 644 人，脱贫户 1 160 人，人均工资达 7 600 元；参与生产环节人员有 3 310 人，脱贫户 1 080 人，人均工资达 6 150 元；参与销售环节人员有 1 118 人，脱贫户有 317 人，人均工资达 8 151 元。

“果洛乳制品”劳务品牌的发展离不开政策的支持与帮扶。近几年，为加快建设畜牧业三级物流体系，果洛州累计拨付物流补贴 116.52 万元。同时，为带动涉农企业积极性，相关部门为全州 15 家涉农企业及农牧业专业合作社专项贷款贴息 120.3 万元，并引进省内外科技特派员 83 人，在涉农企业和农牧民专业合作社建设 8 个科技工作站，有针对性地开展帮扶工作和技术指导。

“在 2023 年上海‘55 购物节’期间，果洛乳制品全面铺货进入上海的线上线下主流销售渠道，提高了知名度。特别是果洛州雪域珍宝有限责任公司生产的‘雪域珍宝’牦牛奶制品不仅在国内铺货，还漂洋过海销售到了美国、马来西亚等地，起到了很好的带动作用。”相关负责人表示，未来，果洛乳制品还计划打造更加清晰的品牌形象和品牌故事，长远向好发展，提高产品质量，推出更加健康、方便、创新的产品，拓展线上和线下销售渠道，提高覆盖率和销售量。（来源：果洛在线微信公众号）

【启示】把产业振兴放在乡村振兴的首要位置，是因为产业的发展，对乡村振兴起着决定性的作用。没有产业振兴，其他方面的振兴毫无意义，甚至可以说，没有产业振兴，乡村根本不能实现真正的振兴。没有产业振兴，乡村无法增长财富，也缺乏振兴的内在动力。靠国家财政的支持和社会各界的援助，虽然可以维持一段时间的振兴表象，但不能持续下去。

任务三　消毒乳加工

任务导入

当前市场上的液态奶按加工工艺主要分为低温巴氏杀菌乳和灭菌乳。在西方发达国家，巴氏杀菌乳的消费量占鲜牛奶市场消费量的90%。在我国，随着人们对巴氏杀菌乳营养价值的认识，巴氏杀菌乳也占据着越来越重要的地位。我国区域型乳品企业巴氏杀菌乳的包装主要有玻璃瓶、纸杯、塑料袋等多种形式，其中玻璃瓶可重复利用，成本相对较低，不仅节约了资源，也减轻了环保压力，因此，越来越被企业重视，但影响瓶装巴氏杀菌乳质量的因素较多，是区域型乳品企业需要研究的问题。

某企业准备生产巴氏杀菌乳产品，请你为其提供生产技术指导手册。

任务工单

班级：__________　姓名：__________　学号：__________

任务名称	消毒乳产品
任务描述	根据实际情况，填写本任务的内容、目的、流程和方法。 任务内容：__________ __________ 任务目的：__________ __________ 任务流程：__________ __________ 任务方法：__________ __________
获取信息	要完成任务，需要掌握相关的知识。请你搜集资料，回答以下几个问题。 （1）高温短时间杀菌乳的加热强度和特点分别是什么？ （2）巴氏杀菌乳均质的方法有哪些？ （3）巴氏消毒法的技术要领是什么？

（续表）

<table>
<tr><th>任务名称</th><th colspan="4">消毒乳产品</th></tr>
<tr><td>获取信息</td><td colspan="4">（4）比较巴氏消毒法和其他消毒法的差异性。

（5）玻璃瓶、塑料奶瓶、涂复料夹层纸灌装材料都有哪些优缺点？</td></tr>
<tr><td>制订计划</td><td colspan="4"></td></tr>
<tr><td rowspan="6">任务实施</td><td colspan="4">按照预先制订的计划，完成本任务，并记录任务实施的过程。</td></tr>
<tr><td>序号</td><td>完成的任务</td><td>遇到的问题</td><td>解决办法</td></tr>
<tr><td></td><td></td><td></td><td></td></tr>
<tr><td></td><td></td><td></td><td></td></tr>
<tr><td></td><td></td><td></td><td></td></tr>
<tr><td></td><td></td><td></td><td></td></tr>
</table>

任务准备

一、知识准备

液态乳分类

1. 按杀菌强度分类

（1）巴氏杀菌乳。仅以生牛（羊）乳为原料，经巴氏杀菌等工序制得。对原料奶质量要求高，能最大程度保持牛奶的风味和营养成分，可低温食用，不需加热消毒，储存条件为 0 ～ 6 ℃，冷藏保质期一般为 7 d 左右。

（2）灭菌乳。

①低温杀菌乳（LTLT）。低温消毒乳也称保温杀菌乳。牛乳经 62 ～ 65 ℃、30 min 的保温杀菌。在这种条件下，乳中的病原菌，尤其是耐热性较差的细菌都会被消灭。

②高温短时间杀菌乳（HTST）。高温短时间杀菌乳通常采用 72 ～ 75 ℃、15 ～ 40 s 杀菌或 80 ～ 85 ℃、10 ～ 15 s 杀菌，还有采用 80 ～ 90 ℃、1 ～ 4 s 杀菌的。在这种温度下，乳中的病原菌，尤其是耐热性较强的结核菌都会被消灭。

③超高温杀菌乳（UHT）。超高温杀菌乳采用 120 ～ 150 ℃、0.5 ～ 8.0 s 杀菌。由于细菌都被消灭，故制品保存性明显提高。但若原料乳质量不良（如酸度高、盐类不平衡），则易形成软凝块和杀菌器内结垢，因此对原料乳要求较高。由于杀菌时间短，故风味、性状和营养价值与普通杀菌乳相差无几。

2. 按原料成分分类

（1）普通全脂消毒牛乳。普通全脂消毒牛乳是以合格鲜乳为原料，不加任何乳外成分而制成的消毒乳。

（2）脱脂消毒乳。脱脂消毒乳是将原料乳中的脂肪脱去或部分脱去后而制成的消毒乳。

（3）强化消毒乳。强化消毒乳是添加某些营养成分（一般为钙、维生素之类的老、幼乳制品）后加工而成的消毒乳。

（4）复原乳。复原乳也称再制乳，是以全脂乳粉、脱脂乳粉、浓缩乳和无水奶油等为原料，经混合溶解后制成的饮用乳。

（5）花色牛乳。花色牛乳是以牛乳为主要原料，加入其他风味食品，如果汁、可可、咖啡等再调色调香而成的饮用乳。

二、材料准备

（一）搜集相关的资料

查阅资料，了解消毒乳的原理、分类和加工技术要点，调查消毒乳的包装方法。

（二）查阅消毒乳加工工艺的相关资料

通过各种渠道，查阅消毒乳巴氏消毒的技术要点。

（三）查阅市场情况

调查消毒乳市场上的产品类型，了解灌装的技术要领。

三、人员准备

人员分组，每组 5 人。明确职责分工。

人员分工表

任务角色	任务内容
组长：	任务：
组员 1：	任务：
组员 2：	任务：
组员 3：	任务：
组员 4：	任务：

任务实施

一、实施内容

查询消毒乳生产的基本要求和生产工艺，以及消毒乳生产机械和工艺流程。

二、实施方法

认真思考如何才能获取更有价值的信息，通过哪些渠道获取信息资料，并对这些资料进行加工整理，形成可供企业员工学习的生产技术指导手册。

三、实施流程

第一步：调查消毒乳的分类。
第二步：调查消毒乳的生产工艺。
第三步：查阅相关的技术流程。
第四步：学习消毒乳的生产。
第五步：撰写生产技术指导手册。

任务检测

在线测试

任务评价

工作任务完成过程评价表

班级：________ 组别：________ 姓名：________

项目	评分标准	自我评价	小组评价	教师评价
理论知识	（1）了解消毒乳的分类和生产原理			
	（2）掌握消毒乳的生产技术			
	（3）掌握消毒乳的质量把控要点			
实操技能	（1）能够识别市面上常见的消毒乳			

（续表）

项目	评分标准	自我评价	小组评价	教师评价
实操技能	（2）能够进行消毒乳的生产和质量控制			
	（3）能够搜集和分析信息，筛选正确的信息			
	（4）能够提供有效的技术指导			
思政素养	（1）培养学生严谨认真的科学态度			
	（2）培养学生统筹全局、长远思考的能力			
合计				
自我评价与总结				
教师点评				

课程思政专栏

天露乳业涉嫌价格垄断 巴氏消毒奶恢复原价

作为青海省唯一生产巴氏消毒奶的厂家——青海天露乳业有限责任公司因涉嫌价格垄断，被要求对价格违法行为进行整改，目前其生产的巴氏消毒奶已加量并取消售价限制。

2013 年 9 月初，青海省发展改革委价格监督检查与反垄断局在对市场进行例行巡查时，发现青海天露乳业有限责任公司生产的巴氏消毒奶零售价格由原来的每袋 2 元涨至 2.5 元，群众对此反映强烈。青海省发展改革委价格监督检查及反垄断局立即启动了对该公司的反垄断调查。通过调查取证，发现该公司存在涉嫌价格垄断的行为。

2013 年 9 月 6 日至 23 日，青海省发展改革委价格监督检查及反垄断局对青海天露乳业有限责任公司价格行为进行了立案检查。经查，该公司作为青海省唯一一家生产巴氏消毒奶的企业，其巴氏消毒奶的市场份额为 100%。该公司在制定此款产品价格时存在以下问题：一是 2013 年 9 月 1 日起该公司对鲜牛奶价格进行了涨价调整，对门店制定零售价并对超市、终端网店发放了销售价格通知，属于“固定向第三人转售商品的价格”的价格违法行为；二是该企业将规格为 225 克的鲜牛奶供应价格由每袋 1.7 元上调至 2.0 元，上涨 0.3 元，零售价格由 2.0 元上调至 2.5 元，上涨 0.5 元。2013 年 1—7 月 225 克原料奶平均成本 0.742 5 元，8 月原料奶平均成本 0.855 元，上涨 0.112 5 元，根据成本价格变化对比计算每袋鲜牛奶供货价上涨幅度是原料奶上涨幅度的 2.67 倍，零售价格上涨幅度是原料奶价格上涨幅度的 4.44 倍，属于“提价幅度明显高于成本增长幅度”的价格违法行为。

青海省发展改革委要求其对价格违法行为立即进行整改，并提出具有消除社会负面影响的整改措施。

目前青海市场销售的天露巴氏消毒奶灌装量已从每袋225克增至235克，青海天露乳业有限责任公司也取消了对销售网点的销售价格限制。根据《反价格垄断执法程序规定》第十五条规定，青海省发展改革委对青海天露乳业有限责任公司价格垄断行为做出中止调查的决定。（来源：西安市乳业协会微信公众号）

【启示】《中华人民共和国反垄断法》由第十届全国人民代表大会常务委员会第二十九次会议于2007年8月30日通过，自2008年8月1日起施行；2022年6月24日，第十三届全国人民代表大会常务委员会第三十五次会议通过修改《反垄断法》的决定，自2022年8月1日起施行。《中华人民共和国反垄断法》作为我国现行的经济法之一，是为预防和制止垄断行为，保护市场公平竞争，鼓励创新，提高经济运行效率，维护消费者利益和社会公共利益，促进社会主义市场经济健康发展而制定的法律。

任务四 发酵剂制备和酸乳加工

任务导入

牦牛是青藏高原的特色物种，被誉为“高原之舟”，与牧民的生产生活紧密相关。作为我国牦牛主产区，青海目前有存栏牦牛约600万头，占全国总量的38%，不仅提供了牦牛肉，而且提供了大量的牦牛奶。近年来，青海坚持科技兴牧，持续推进牦牛品种复壮、改良，让新技术、新品种助力牦牛产业高质量发展，带动牧民群众增收致富。

为了持续增加牧民收入，当地政府决定结合牦牛产业优势，建立酸乳加工厂，请你为他们提供加工技术指导。

任务工单

班级：＿＿＿＿＿＿＿＿ 姓名：＿＿＿＿＿＿＿＿ 学号：＿＿＿＿＿＿＿＿

任务名称	发酵剂制备和酸乳加工评定方案
任务描述	根据实际情况，填写本任务的内容、目的、流程和方法。 任务内容：＿＿＿＿＿＿＿＿ 任务目的：＿＿＿＿＿＿＿＿ 任务流程：＿＿＿＿＿＿＿＿ 任务方法：＿＿＿＿＿＿＿＿
获取信息	要完成任务，需要掌握相关的知识。请你搜集资料，回答以下几个问题。 （1）发酵的基本原理是什么？ （2）发酵的作用是什么？ （3）发酵的常用方法有哪些？

（续表）

<table>
<tr><td>任务名称</td><td colspan="4">发酵剂制备和酸乳加工评定方案</td></tr>
<tr><td>获取信息</td><td colspan="4">（4）发酵的条件要求有哪些？

（5）发酵过程中的物质变化有哪些？</td></tr>
<tr><td>制订计划</td><td colspan="4"></td></tr>
<tr><td rowspan="6">任务实施</td><td colspan="4">按照预先制订的计划，完成本任务，并记录任务实施的过程。</td></tr>
<tr><td>序号</td><td>完成的任务</td><td>遇到的问题</td><td>解决办法</td></tr>
<tr><td></td><td></td><td></td><td></td></tr>
<tr><td></td><td></td><td></td><td></td></tr>
<tr><td></td><td></td><td></td><td></td></tr>
<tr><td></td><td></td><td></td><td></td></tr>
</table>

任务准备

一、知识准备

（一）发酵剂的定义

在生产酸乳制品或乳酸菌制剂之前必须根据生产需要预先制备各种发酵剂，所谓发酵剂是指生产酸乳制品或乳酸菌制剂或干酪、奶油时所用的特定微生物培养物。以乳酸发酵为主要手段，添加其他成分而制成的粉剂、片剂或丸剂，以供防治某些疾病的产品称为乳酸菌制剂。

（二）发酵剂的种类

通常乳酸菌发酵剂按调制过程分为乳酸菌纯培养物、母发酵剂和生产发酵剂 3 个调制阶段。

1. 乳酸菌纯培养物

一般多接种在脱脂乳、乳清、肉汁或其他培养基或者用升华法制成的干燥粉末，以便保存菌种和供生产单位使用，维持活力和长途运输。生产单位取到菌种后，即可将其移植于灭菌脱脂乳以供生产需要。乳酸菌纯培养物也称之为一级菌种。

2. 母发酵剂

母发酵剂是一级菌种的再扩大和培养，母发酵剂为生产发酵剂的基础，生产单位为了扩大菌种，必须培养母发酵剂。

3. 生产发酵剂

生产发酵剂是用于实际生产的发酵剂，也称工作发酵剂。生产发酵剂可分为奶油发酵剂、干酪发酵剂、酸乳制品发酵剂和乳酸菌制剂发酵剂等。

（三）使用发酵剂的目的

因为乳制品的种类和产品要求不同，所以发酵剂也会有不同的目的，主要有乳酸发酵、产生风味、蛋白质分解、脂肪分解、丙酸发酵、酒精发酵和产生抗生素等目的。

1. 乳酸发酵

乳酸发酵是使用发酵剂的主要目的之一，由于乳酸菌的发酵，会使乳糖转变成乳酸，使牛乳的 pH 值降低，产生凝固和形成酸味，防止杂菌污染。

2. 产生风味

添加发酵剂的另一个目的是使产品具有良好的风味。依靠蛋白质和脂肪分解菌的作用，形成低级分解产物（丁二酮、丁二醇、羟丁酮、乙醇等）而产生风味。

3. 蛋白质分解

在干酪生产中，发酵剂对蛋白质的分解起着重要作用，由于酪蛋白的分解而产生的胨和氨基酸，是干酪成熟后的主要风味成分。

4. 脂肪分解

用霉菌发酵生产干酪时，兼备蛋白分解和脂肪分解作用而达到成熟的目的。

5. 丙酸发酵

丙酸菌将乳酸再分解产生丙酸、醋酸、二氧化碳和水，这些发酵产物与瑞士干酪特有的风味和气孔有关。

6. 酒精发酵

牛乳酒一类的发酵乳，系用酵母将乳糖发酵生成酒精而制成。

7. 产生抗生素

乳酸链球菌群个别菌种能产生乳酸链球菌素等抗生素，使用此菌种的目的，除了产生乳酸发酵外，还用来产生抗生素借以防止杂菌污染。

（四）酸乳

酸乳是指以生牛（羊）乳或乳粉为原料，经杀菌、接种嗜热链球菌和保加利亚乳杆菌（德氏乳杆菌保加利亚亚种）发酵制成的产品称。

1. 按产品的组织状态分类

（1）凝固型酸乳。其发酵过程是在分装容器中进行的，即分装后再进行发酵，从而使产品因发酵而保留其凝固状态。

（2）搅拌型酸乳。发酵后的凝固乳在灌装前搅拌成黏稠状态。

2. 按产品的口味分类

（1）天然纯酸乳。采用天然原料乳加入菌种经发酵而成，不含有任何辅料和添加剂。

（2）加糖酸乳。原料乳加糖后再接种菌种经发酵而制成。

（3）调味酸乳。在天然酸乳或加糖酸乳中加入香料、果料等调味剂而制成。

（4）果料酸乳。天然酸乳与糖、果料混合而成。

（5）复合型或营养健康型酸乳。通常是在酸乳中强化不同的营养素（维生素、食用纤维素、钙等）而制成。

（6）疗效酸乳。疗效酸乳包括低乳糖酸乳、低热量酸乳、维生素酸乳或蛋白质强化酸乳等。

3. 按发酵加工工艺分类

（1）浓缩酸乳。将正常酸乳中的部分乳清除去而得到的浓缩酸乳制品。

（2）冷冻酸乳。在酸乳中加入果料、增稠剂或乳化剂，然后进行冷冻处理而制成的产品。

（3）充气酸乳。在酸乳中加入稳定剂和起泡剂（通常是碳酸盐），经过均质处理即得到的产品。产品通常是充二氧化碳气体的酸乳饮料。

（4）酸乳粉。以冷冻干燥法或喷雾干燥法将酸乳中 95% 的水分除去而制成酸乳粉。

二、材料准备

（一）搜集相关的资料

调查发酵剂的应用情况，调查酸乳制品的加工技术要领以及所需的工具等。

（二）学习相关技术

通过各种渠道，学习如何制作酸乳制品及其加工技术要领。

（三）学习如何进行技术指导

思考如何才能进行有效的技术指导，从哪几个方面入手。

三、工具准备

此部分需学生自行思考并填写。

四、人员准备

人员分组，每组 5 人。明确职责分工。

人员分工表

任务角色	任务内容
组长：	任务：

（续表）

任务角色	任务内容
组员 1：	任务：
组员 2：	任务：
组员 3：	任务：
组员 4：	任务：

任务实施

一、实施内容

学习相关的背景知识，选择需要的发酵剂，学习如何进行酸乳制作及技术指导。

二、实施方法

认真思考如何才能获取更有价值的信息，通过哪些渠道获取信息资料，掌握如何使用工具，学习酸乳制作的方法，进行品质把控。

三、实施流程

第一步：调查发酵剂及酸乳制品的相关市场及产品。
第二步：调查酸乳制品的分类及制作方法。
第三步：结合实际情况，选择要制作的酸乳制品及方法。
第四步：调查所需的工具和材料。
第五步：可以通过短视频、PPT、思维导图等进行技术指导。

任务检测

在线测试

任务评价

工作任务完成过程评价表

班级：__________ 组别：__________ 姓名：__________

项目	评分标准	自我评价	小组评价	教师评价
理论知识	（1）了解酸乳的市场			
	（2）掌握发酵剂和酸乳的制作原理			
	（3）掌握发酵剂和酸乳的制作流程			
实操技能	（1）能够了解酸乳的有关市场信息			
	（2）能够加工制作发酵剂和酸乳			
	（3）能够搜集和分析信息，筛选正确的信息			
	（4）能够提供有效的技术指导			
思政素养	（1）培养学生实事求是的良好品质			
	（2）培养学生服务乡村的理念			
合计				
自我评价与总结				
教师点评				

课程思政专栏

酸奶产业助力乡村振兴

循化撒拉族自治县岗察藏族乡岗察村党员多杰加像往常一样，开始了自己忙碌的一天。他像当年创业之初一样信心十足，这份信心，来源于他脚下这方总面积4.3万公顷的大草场及天然丰富的牦牛资源，也来源于他以一名党员身份不辞劳苦带领乡亲脱贫致富的笃定和淡然。

一直以来，岗察乡坚持“党建+”，多形式、多渠道、多方位确保党建工作与其他工作深度融合、统筹推进、相互赋能、同频共振。引领助推私营企业发展就是其内容之一，循化县岗卓黑牦牛乳业有限公司就是其具体实例。

作为青海东部农业区中的纯牧业乡，岗察乡在网络通信日益普及的时代，逐渐为更多外人所知，“岗卓酸奶”也开始崭露头角，闯入人们的视野。

“以前我单靠放牧维持生活，自党的好政策实施以来，我结合本地实际，充分发挥自身优势，独自创业，并开始带领全乡牧民脱贫致富。”正在村民家门口收牦牛鲜奶的循化县岗卓黑牦牛乳业有限公司负责人多杰加说。

一直以来，循化县岗卓黑牦牛乳业有限公司坚持将“淳朴、忠诚、顽强”的牦牛精神贯彻在生产的每一环节，对每一桶酸奶都高标准要求、严质量把关，并采用100% 的牦牛奶做原料，由传统工艺自制发酵而成，整个酿造过程中没有任何添加剂。他们跟村里的三十几户牧户签订了供奶合同，从源头上确保了奶源的新鲜与安全，生产出来的酸奶在 0 ~ 4 ℃的条件下只有 7 天的保质期，保质期虽短，产品却纯真、纯正。

“以前我们常年以放牧为生，靠家里的几头牦牛维持基本生活。后来国家实施精准扶贫政策，根据村户实际困难进行分类施策，对我们实施到户产业发展项目，并对我们开展畜牧养殖等技能培训，现在牛羊数量多了品质好了。村里还有多杰加这样的‘领头雁’带着发展，我们可以将每天挤出的鲜奶卖给他，多挣一份收入。”岗察村脱贫户交巴杰激动地说道。

打开一桶“岗卓酸奶”，可以看到其表层为黄色硬脂奶皮，掀开奶皮，里面像豆腐脑一样洁白如雪，撒上白砂糖，舀起一勺放入口中，质感顺滑、香味浓郁，经久不散的浓浓奶香味，让人难忘。

岗卓黑牦牛乳业有限公司在县、乡党委政府的正确引导和党的优惠政策支持下，立足资源优势，积极配合参与技能培训，结合不同顾客需求，不断提升产品品质。先后多次参与省级、市级、县级农产品展销会，在 2019 年度中国农民丰收节暨青海（河湟）第四届农产品展交会中荣获金奖。近五年来带动党员群众 80 人，帮扶困难群众 20 余人。”乡党委书记多吉交巴介绍道。

从一家普通的小卖部，到初露头角，再到循化小有名气的品牌，岗卓黑牦牛乳业有限公司的发展，生动诠释了党建引导私企在转型升级、品质提升、品牌打造、提高效益、带动群众等方面发挥的实质作用。（来源：青海日报）

○【启示】 实施乡村振兴战略，是解决新时代我国社会主要矛盾、实现“两个一百年”奋斗目标和中华民族伟大复兴中国梦的必然要求，具有重大的现实意义和深远的历史意义。主要目标任务是到 2020 年，乡村振兴取得重要进展，制度框架和政策体系基本形成，到 2035 年，乡村振兴取得决定性进展，农业农村现代化基本实现，到 2050 年，乡村全面振兴，农业强、农村美、农民富全面实现。

任务五 奶油加工

任务导入

淡奶油是一种乳制品，通常用于制作各种糕点、甜点和饮品，以增加口感和味道。淡奶油是从牛奶中提取的乳脂部分，通常含有约30%的脂肪，相对于重奶油（重奶油通常含有36%或更高的脂肪含量）来说，淡奶油的脂肪含量较低，因此口感更轻盈。中国淡奶油行业经历了从起步阶段到快速增长的过程，随着中国居民对高品质乳制品的需求持续增加，中国淡奶油行业有望继续扩大和发展，同时，中国政府也加大了对乳制品行业的监管和质量标准，以确保产品的安全和质量。

目前，某企业看到奶油市场前景比较广阔，准备生产奶油，请你为他们提供技术指导。

任务工单

班级：__________ 姓名：__________ 学号：__________

任务名称	奶油加工评定方案
任务描述	根据实际情况，填写本任务的内容、目的、流程和方法。 任务内容： 任务目的： 任务流程： 任务方法：
获取信息	要完成任务，需要掌握相关的知识。请你搜集资料，回答以下几个问题。 （1）奶油的分类及其依据分别是什么？ （2）奶油的性质是什么？ （3）奶油搅拌时的注意事项有哪些？

（续表）

<table>
<tr><th>任务名称</th><th colspan="4">奶油加工评定方案</th></tr>
<tr><td>获取信息</td><td colspan="4">（4）奶油洗涤方法有哪些？</td></tr>
<tr><td>制订计划</td><td colspan="4"></td></tr>
<tr><td rowspan="6">任务实施</td><td colspan="4">按照预先制订的计划，完成本任务，并记录任务实施的过程。</td></tr>
<tr><td>序号</td><td>完成的任务</td><td>遇到的问题</td><td>解决办法</td></tr>
<tr><td></td><td></td><td></td><td></td></tr>
<tr><td></td><td></td><td></td><td></td></tr>
<tr><td></td><td></td><td></td><td></td></tr>
<tr><td></td><td></td><td></td><td></td></tr>
</table>

任务准备

一、知识准备

（一）奶油的概念和种类

1. 奶油的概念

奶油是乳分离后所得的稀奶油经杀菌、冷却、成熟、搅拌、压炼等工艺而制成的一种乳制品，也称乳酪或黄油，是乳制品的一个主要品种。奶油的历史悠久、营养丰富，可直接食用或用于其他营养食品的添加成分。由于制作方法不同或原料差异或生产场地不同因而有各种名称。

2. 奶油的种类

（1）按原料分为酸性奶油、甜性奶油和乳清奶油。

（2）按是否加盐分为加盐奶油和无盐奶油。

（3）按制作方法分为新鲜奶油、酸性奶油和重制奶油。

（4）按制作场地分为牧场奶油和工厂奶油。

（5）按发酵方法分为天然发酵奶油和人工发酵奶油。

上述奶油中，酸性奶油是采用经过发酵的稀奶油为原料而制成的，含有乳酸，故称酸性奶油，与发酵奶油完全相同。甜性奶油的原料由于未经过发酵过程，所以是新鲜奶油。乳清奶油是以乳清为原料，将所含脂肪分离出来而制成的。重制奶油是以变质奶油经重新加工处理而制成。天然发酵奶油是以乳中原有微生物为发酵剂，经自然发酵而制成。人工发酵奶油是将稀奶油杀菌后再添加纯培养的发酵剂，经发酵成熟而制成。

（二）奶油的性质

奶油的主要成分是乳脂肪（80%～82%），此外还含有蛋白质、水分（15.6%～17.6%）、食盐（2.5%）、灰分（1.2%）和少量的乳糖、磷脂、气体、酶、维生素、微生物等。因此，奶油的性质主要受乳脂肪性质的支配，而脂肪的性质又因脂肪酸的种类和含量而异。乳脂肪的脂肪酸组成又因乳牛的品种、泌乳期、季节和饲料等而异。夏季由于青绿饲料多，不饱和脂肪酸含量高，故制成的奶油质地较软，熔点也较低。因此，夏季加工奶油时，为了得到质地较硬的奶油，在稀奶油成熟、搅拌、水洗及压炼过程中应尽可能降低温度。奶油的色泽为白色或淡黄色，主要与乳中含有的胡萝卜素有关。奶油的芳香味主要来源于丁二酮、甘油及游离脂肪酸等，酸性奶油的芳香味较甜性奶油更浓。

二、材料准备

（一）搜集相关的资料

查阅资料，了解奶油的分类、用途、生产的原理、工艺流程及技术要领。

（二）查阅奶油生产工艺的相关资料

通过各种渠道，查询奶油生产的温度条件，明确各种技术要点。

（三）了解相关的市场情况

调查奶油的主要市场，了解奶油的主要产品及生产方式。

三、人员准备

人员分组，每组 5 人。明确职责分工。

人员分工表

任务角色	任务内容
组长：	任务：
组员 1：	任务：
组员 2：	任务：
组员 3：	任务：
组员 4：	任务：

任务实施

一、实施内容

查阅资料，了解奶油的市场、分类和生产工艺，总结目前主流的生产方式及其特点，形成技术指导方案。

二、实施方法

认真思考如何才能获取更有价值的信息，通过哪些渠道获取信息资料，并对这些资料进行加工整理，形成可供企业员工学习的技术指导方案。

三、实施流程

第一步：调查奶油的相关市场。
第二步：调查奶油的生产技术。
第三步：调查目前主流的生产工艺。
第四步：设计奶油生产的方案。
第五步：撰写技术指导方案。

任务检测

在线测试

任务评价

工作任务完成过程评价表

班级：＿＿＿＿＿＿＿＿　组别：＿＿＿＿＿＿＿＿　姓名：＿＿＿＿＿＿＿＿

项目	评分标准	自我评价	小组评价	教师评价
理论知识	（1）了解奶油的分类和生产原理			
	（2）掌握奶油的生产技术			
	（3）掌握奶油生产质量把控的要点			

（续表）

项目	评分标准	自我评价	小组评价	教师评价
实操技能	（1）能够提供奶油的市场信息			
	（2）能够进行奶油的生产和质量控制			
	（3）能够搜集和分析信息，筛选正确的信息			
	（4）能够提供有效的技术指导			
思政素养	（1）培养学生严谨认真的科学态度			
	（2）培养学生统筹全局、长远思考的能力			
合计				
自我评价与总结				
教师点评				

课程思政专栏

推动“一棵草到一杯奶”全产业链发展

果洛州聚焦统筹推进乡村振兴和打造绿色有机农畜产品输出地，在生态畜牧业“提质、稳量、补链、扩输”上下功夫，持续推动“一棵草到一杯奶”的生态畜牧业全产业链建设，夯实乡村振兴的基本盘。

连日来，在果洛州甘德县江千乡的甘德县雪山农牧业科技发展有限公司有机肥加工车间，机器轰鸣作响，生产热潮涌动，看似不起眼的牛粪经过上料、造粒、干燥、筛分包装等数道工序后，“摇身一变”成了有机肥。在加工车间不远处，数栋牦牛集中养殖畜棚整齐排列，甘德县雪山农牧业科技发展有限公司占地18公顷，集合了饲草种植、集中养殖、有机肥加工等多种畜牧产业形态，而这也是近年来果洛州畜牧产业转型升级的缩影。

时任果洛州甘德县雪山农牧业科技发展有限公司负责人何海艳说：“2023年我们将把重点工作放到‘强链’这个环节，按照果洛州推进农牧产业升级的思路，进一步提升产品质量效益，增强企业竞争力。”

近几年果洛州注重发挥产业集群效应，在果洛州三江源有机产业园区，来自果洛金草原有机牦牛肉加工有限公司的牦牛肉正在一箱箱打包发往上海、广州等地。经过近几年发展，企业年产值突破1亿元，果洛州畜牧产业集聚区从小到大、从弱到强、从散到集，探索出了一条集聚发展之路。

时任果洛州玛沁县副县长崔保说：“通过产业集群发展，全产业链全面发力，在提高了畜牧产品本地转化增值率的同时，也促进了产业提档升级。今年我们还在建立交易市场、完善物流体系方面下功夫，实现各产业协调共进发展，带动更多牧民增收致富。”

中央一号文件继续把巩固拓展脱贫攻坚成果、全面推动乡村振兴作为主线进行强调和部署。果洛州达日县满掌乡抓住产业链两端发力，一头加大饲草种植面积，一头提高牦牛出栏率。2022年实现饲草种植3万余亩，牦牛出栏500余头，带动牧民增收230万元，受益群众超400户，形成了生态效益、经济效益、社会效益同步提高的良性循环局面。

时任果洛州达日县满掌乡乡长周本先说：“通过饲草集中种植和牦牛集中出售，不仅丰富了乡镇产业发展形态、壮大了集体经济规模，更是为现代化农牧业发展奠定了基础，通过这样的发展思路，牧民群众生产生活水平明显提高，也逐步探索出了一条生产、生活、生态协调发展的路径。”

2023年，果洛州还将聚焦产业“四地”建设，打好生态、绿色、有机、无污染、超净区“五张牌”，从源头增强价值链、产业链、供给链，加快推动特色资源优势转化为经济发展优势。通过提升全州3家省级农牧业产业化龙头企业和4个生态畜牧业联合社总社的产品生产、加工和流通的能力水平，加快生态畜牧产业从“一棵草到一杯奶”的全产业链发展。

时任果洛州农牧和科技局局长崔宏伟说：“通过培育乡村新产业新业态促进农民增收，把产业发展放在推进乡村振兴的大格局中统筹考虑，把更多资源力量聚焦配置到产业发展和品牌培育方面，实现上游饲草种植及下游屠宰精深加工全产业链统筹发展，在坚定不移推进现代化新果洛建设征程中开好局起好步打下坚实基础。”（来源：青海营商微信公众号）

【启示】党的十八大以来，习近平总书记两次赴青海实地考察，两次参加全国人大青海代表团审议并发表重要讲话。总书记精准把脉青海资源禀赋、发展优势和区域特征，为青海擘画了“加快建设世界级盐湖产业基地，打造国家清洁能源产业高地、国际生态旅游目的地、绿色有机农畜产品输出地”的发展蓝图。这是青海深入推进青藏高原生态保护和高质量发展的根本遵循。

任务六 干酪加工

任务导入

中国奶酪市场早在20世纪90年代便开始萌芽，2010年前后，在乳品消费量增加的大背景下，国内奶酪消费开始呈现增长态势。近年来，随着乳品企业的持续市场教育和产品创新，有效地提升了消费者对于奶酪产品的认知和需求。同时，人们对于营养和健康的需求日益增加，奶酪因其营养和健康特性已悄然成为我国饮食消费界的新宠，需求量不断增加。随着下游需求市场的崛起以及国内企业投资布局的增长，我国奶酪产量呈现稳步增长态势。

面对日益增长的市场，青海省某牦牛养殖合作社结合当地的畜牧业发展优势，准备联合当地政府投资建设一座乳制品加工厂，并准备生产一些干酪制品，但对于加工及市场情况并不了解，请你提供相关技术指导。

任务工单

班级：__________ 姓名：__________ 学号：__________

任务名称	干酪加工评定方案
任务描述	根据实际情况，填写本任务的内容、目的、流程和方法。 任务内容：__________ 任务目的：__________ 任务流程：__________ 任务方法：__________
获取信息	要完成任务，需要掌握相关的知识。请你搜集资料，回答以下几个问题。 （1）干酪的种类通常分为哪几种？ （2）干酪发酵剂有什么作用？ （3）干酪的成熟过程是什么？

（续表）

<table>
<tr><th>任务名称</th><th colspan="4">干酪加工评定方案</th></tr>
<tr><td>获取信息</td><td colspan="4">（4）干酪素凝固方法有哪些？</td></tr>
<tr><td>制订计划</td><td colspan="4"></td></tr>
<tr><td rowspan="6">任务实施</td><td colspan="4">按照预先制订的计划，完成本任务，并记录任务实施的过程。</td></tr>
<tr><td>序号</td><td>完成的任务</td><td>遇到的问题</td><td>解决办法</td></tr>
<tr><td></td><td></td><td></td><td></td></tr>
<tr><td></td><td></td><td></td><td></td></tr>
<tr><td></td><td></td><td></td><td></td></tr>
<tr><td></td><td></td><td></td><td></td></tr>
</table>

任务准备

一、知识准备

（一）干酪的定义

干酪，即奶酪，是一种以牛奶、羊奶等为主要原料，经过发酵、凝乳、排出乳清、成熟等一系列复杂工艺制成的乳制品。干酪的营养价值很高，除含有丰富的蛋白质、脂肪和盐类外，还含有很多维生素。干酪和奶油是人们最早利用的乳制品。

（二）干酪的种类

干酪的种类有很多，通常分为天然干酪、融化干酪和干酪食品。

1. 天然干酪

天然干酪是以牛乳、奶油、部分脱脂乳、酪乳或混合乳为原料，经凝乳后排出乳清而获取的新鲜或经微生物作用而成熟的乳制品，允许添加天然香辛料以增加香味和滋味。

2. 融化干酪

融化干酪是用一种或一种以上的天然干酪，添加食品卫生标准允许的添加剂（或不加添加剂）经粉碎、混合、加热融化、乳化后而制成的乳制品，含乳固体物 40% 以上。此外，还有以下要求。

（1）允许添加稀奶油、奶油或乳脂以调整脂肪含量。

（2）添加的香辛料、调味料及其他食品，必须控制在乳固体量的 1/6 以内。不得添加脱脂乳粉、全脂乳粉、乳糖、干酪素以及非乳脂肪、蛋白质和碳水化合物。

3. 干酪食品

干酪食品是用一种或一种以上的天然干酪或融化干酪，添加食品卫生标准允许的添加剂（或不加添加剂）经粉碎、混合、加热融化而制成的乳制品。产品中干酪数量须占 50% 以上。此外，还有以下要求。

（1）添加香料、调味料或其他食品时，须控制在产品干物质量的 1/6 以内。

（2）添加非乳脂肪、蛋白质、碳水化合物时，不得超过产品的 10%。

此外，因原料乳脂肪含量不同，可分为全脂干酪、稀奶油干酪、半脱脂干酪和脱脂干酪；因凝乳过程中所使用的凝乳酶制剂不同，可分为皱胃酶干酪、胃蛋白酶干酪和酸凝固干酪；因加工后的干酪是否成熟，可分为生干酪和成熟干酪。比较普遍的是以干酪含水量的多少，即软硬程度，可分为硬质干酪、软质干酪和半硬质干酪。

最有名的干酪制品是法国的古伏特和卡姆伯特，意大利的波米珍及高基畜拉，荷兰的伊得姆和哥达，英国的契达等。

二、材料准备

（一）搜集相关的资料

查阅资料，了解干酪的分类、生产的原理、工艺流程及技术要领。

（二）查阅干酪生产工艺的相关资料

通过各种渠道，查询干酪凝固成熟的技术要领。

（三）查阅市场情况

调查干酪的主要市场、主要产品及生产方式。

三、人员准备

人员分组，每组 5 人。明确职责分工。

人员分工表

任务角色	任务内容
组长：	任务：
组员 1：	任务：
组员 2：	任务：
组员 3：	任务：
组员 4：	任务：

任务实施

一、实施内容

查阅资料，了解干酪的市场、分类、加工的工艺要点和干酪的分级标准等。

二、实施方法

认真思考如何才能获取更有价值的信息，通过哪些渠道获取信息资料，并对这些资料进行加工整理，形成可供企业员工学习的技术指导方案。

三、实施流程

第一步：调查干酪的相关市场。
第二步：调查干酪的生产技术。
第三步：调查目前主流的生产工艺。
第四步：设计干酪生产的方案。
第五步：撰写技术指导手册。

任务检测

在线测试

任务评价

工作任务完成过程评价表

班级：＿＿＿＿＿＿＿＿ 组别：＿＿＿＿＿＿＿＿ 姓名：＿＿＿＿＿＿＿＿

项目	评分标准	自我评价	小组评价	教师评价
理论知识	（1）了解干酪的分类和生产原理			
	（2）掌握干酪的生产技术			
实操技能	（1）能够提供干酪的市场信息			
	（2）能够进行干酪的生产和质量控制			
	（3）能够搜集和分析信息，筛选正确的信息			

（续表）

项目	评分标准	自我评价	小组评价	教师评价
实操技能	（4）能够提供有效的技术指导			
思政素养	（1）培养学生严谨认真的科学态度			
	（2）培养学生统筹全局、长远思考的能力			
合计				
自我评价与总结				
教师点评				

课程思政专栏

打好特色牌 拓宽致富路

安达市的黑龙江鞍达实业集团股份有限公司奶酪生产车间，醇厚的奶香扑面而来。发酵架上，一排排乳黄色的硬质奶酪已经成形。“鉴定合格的鲜奶经过脂肪分离、凝乳、切割等环节，还要经过半年左右发酵。”车间工作人员轻轻翻动奶酪，检查发酵情况。

安达市处于世界著名的奶牛黄金饲养带。在这里，拥有100多年的手工奶酪生产史，30多个现代标准化规模的养殖牧场，加上数家农业产业化龙头企业，成就了“中国奶酪之乡”的美誉。

“奶酪是奶业发展进入成熟阶段的标志性产品之一，发展奶酪产业对综合利用奶源、优化乳品供给、带动乳品消费有重要作用。”全国畜牧总站二级研究员张书义说，目前，我国奶酪消费量仅占乳品总消费量的1.4%，提升空间还有很大。

适应市场变化，让“土特产”更有竞争力。“奶酪发酵周期长，硬质奶酪是我们最大的特色，但在发展中不能因循守旧。”黑龙江鞍达实业集团股份有限公司董事长王增礼介绍，鞍达奶酪在当地很受欢迎，线下市场占有率在80%以上。企业还研发出手指奶酪、即食鲜奶酪等系列新产品，满足消费者的多样化需求，进一步打响品牌。

品牌的生命力在于品质。提高品质，要推进农业供给侧结构性改革，从源头强化竞争优势。

在安达市安达镇光明村安达绿生源现代养殖场，100多头奶牛正在悠闲地咀嚼着饲草料。“我们的牛吃得可讲究了！”总经理周现平介绍，除了当地特色的优质羊草，还添加了裹包青贮燕麦，“这种饲草料清香多汁，适口性好，水溶性碳水化合物含量比苜蓿干草还高1倍，有助于改善奶牛体质和提高产奶质量。”

从2022年开始，安达市开始探索玉米套种燕麦模式，试验地块平均每亩玉米产量742.6 kg，基本与常规种植持平，燕麦产量1 108.2 kg（含水），实现种一亩地“多得一吨燕麦草"。

"这一模式有助于突破奶牛优质饲料供应瓶颈。"时任安达市农业农村局局长杨喜刚说，除了丰富饲料供给，当地还考虑选育以收获籽粒为主的燕麦品种，促进半干旱区域农牧交错带稳粮增饲、农牧融合发展。

各地立足资源优势，打造高品质、好口碑的"金字招牌"。目前，全国绿色、有机和地理标志农产品累计超过6.7万个。2023年，农业农村部还将实施乡村重点产业提升行动，培育更多乡土特色鲜明、主导产业突出、质量效益高的乡村产业。

【启示】习近平总书记强调，因地制宜发展新质生产力。这一重要论断是马克思主义政治经济学批判"从抽象上升到具体"原则在新时代的主动运用，彰显了历史唯物主义方法论的真理性特征。发展新质生产力必须本着实事求是的精神，在紧紧扭住科技创新这个"牛鼻子"的基础上，科学考察各区域产业布局、生态资源禀赋和劳动者素质等综合因素，使新质生产力的时空展开更具针对性和可持续性。

项目五

蛋制品加工

项目导读

蛋是日常生活中重要的副食品，含有人体所需要的各种营养成分，其中蛋白质含量在 12% 以上，脂肪含量在 11% 以上，而且消化利用率很高。鲜蛋经过加工，可以制成各种蛋制品和美味佳肴。例如，用鸭蛋或鸡蛋可以加工成鲜美可口的松花蛋、咸蛋等，也可以用鲜蛋加工成冰蛋、蛋粉等制品，是食品加工的重要原料。

知识目标

了解蛋的商品特点；了解糟蛋的制作原理；了解蛋制品的制作原料以及制作步骤；掌握制作各种蛋制品的基本操作；熟悉蛋制品加工的主要途径和根本方法；熟悉蛋制品加工及综合开发利用的根本原理、根本工艺流程和加工关键技术。

技能目标

熟知评价蛋品质的指标，学会通过仪器检测蛋重、蛋形指数、蛋白高度等蛋品质指标，通过测定，确定蛋的新鲜度及蛋品质的优劣；掌握蛋制品加工的主要途径和根本方法；掌握蛋制品加工及综合开发利用的根本原理、根本工艺流程和加工关键技术。

素质目标

中国蛋制品是世界饮食文化中的一朵奇葩。例如，糟蛋历史上先后在南洋劝业会、英国伦敦博览会和巴拿马国际博览会都获得过奖牌。以此为切入点，了解中国传统文化的源远流长和博大精深，培养学生的民族自豪感和自信感，树立远大的理想，为实现中国梦不懈努力奋斗。

任务一 蛋品质检验

任务导入

某次你在家做饭时打了一个鸡蛋，发现这个鸡蛋已经坏了，才想起来这个鸡蛋已经在家里放了很久，但是因为这一颗不新鲜的鸡蛋导致刚打的一碗鸡蛋都浪费了，因此，你想了解如何判断鸡蛋的新鲜程度。

任务工单

班级：________ 姓名：________ 学号：________

任务名称	蛋品质检验
任务描述	根据实际情况，填写本任务的内容、目的、流程和方法。 任务内容：________ ________ 任务目的：________ ________ 任务流程：________ ________ 任务方法：________ ________
获取信息	要完成任务，需要掌握相关的知识。请你搜集资料，回答以下几个问题。 （1）蛋的形态结构是什么样子的？ （2）蛋的化学组成主要是什么？ （3）蛋在贮藏期间会发生哪些变化？其物理变化主要有哪些？ （4）蛋新鲜度检验的常规方法有哪些？

（续表）

任务名称	蛋品质检验			
制订计划				
任务实施	按照预先制订的计划，完成本任务，并记录任务实施的过程。			
	序号	完成的任务	遇到的问题	解决办法

任务准备

一、知识准备

（一）蛋的概述

蛋含有人体所需要的优质蛋白质、脂类、碳水化合物、矿物质和维生素等营养物质，特别是蛋白质的含量比较高。蛋还含有人类大脑和神经系统发育所不可缺少的卵磷脂、脑磷脂和神经磷脂等。蛋的内容物消化吸收率很高，在95%以上，几乎完全能为人体所利用。因此，蛋与肉类、乳品一样，是人类重要的营养食品之一。

（二）蛋的形态结构

蛋呈典型的卵圆形。纵切面为一头稍尖一头稍钝的椭圆形，横切面为圆形。蛋形一般用蛋形指数描述，横径与长径之比称为蛋形指数。鸡蛋的蛋形指数为0.71～0.76，鸭蛋为0.63～0.83。最好的蛋形指数为0.74。商品蛋中破蛋、裂纹蛋的多少与蛋形指数有一定的关系。蛋形指数越小，蛋越不耐压而易破裂。蛋的纵轴向较横轴向耐压，所以在摆放、装箱时，蛋应直立放置，以免在运输中因震动和挤压而破裂。

蛋的大小因家禽的种类、品种、年龄、营养状况等条件的不同而有差异。

1. 蛋壳

蛋壳是包裹在蛋内容物外面的壳外膜、硬蛋壳和壳内膜的总称。蛋壳的颜色与蛋的种类和品种有关。鸡蛋因品种不同而呈白色或深浅不同的褐色，而鸭蛋和鹅蛋一般均呈青灰色或白色。蛋壳的厚度与家禽的种类、品种及饲养条件有关，鸡蛋壳最薄，平均厚度为0.35 mm，鸭蛋壳较厚，平均厚度为0.43 mm，鹅蛋壳最厚，平均厚度为

0.62 mm。在鸡蛋中，褐色蛋壳较厚，白色蛋壳较薄。饲料条件对蛋壳的厚度影响很大，饲料中钙、磷含量适宜，蛋壳就较厚；当饲料不足，钙质缺乏，蛋壳就较薄，甚至会出现软壳蛋。

（1）壳外膜。在硬蛋壳表面分布着一层胶性干燥黏液，称壳外膜。壳外膜有阻止外界微生物侵入和防止蛋内水分过多蒸发，避免蛋内受到微生物的污染和重量减轻的作用。壳外膜是一种水溶性的胶质膜，若遇潮湿、雨淋、水洗或摩擦，将会溶解或脱落而消失，就会失去保护作用。

（2）硬蛋壳。硬蛋壳又叫石灰质硬蛋壳，是包裹在蛋内容物外面的一层硬壳，它使蛋具有并保持着固定的形状，保护着蛋白和蛋黄。硬蛋壳以碳酸钙为主要成分，此外还有碳酸镁、磷酸钙、磷酸镁等无机物和少量有机物，质脆而不耐碰撞和挤压。

（3）壳内膜。在硬蛋壳的里面有一层白色的软膜包裹着蛋内容物，这就是壳内膜，它是有机纤维质构成的具有弹性、半透明的网状薄膜。壳内膜分为两层，外层紧贴硬蛋壳内壁，称蛋壳膜，厚 41.1 ～ 60.0 μm，结构致密，细菌不易通过。内层包裹着蛋白，称蛋白膜，厚 12.9 ～ 17.3 μm，结构疏松，细菌能自由通过。

蛋产出后，因外界温度比禽体温度低，蛋内容物发生收缩，空气便从气孔进入蛋壳内。由于蛋的钝端气孔密度大，故进入的空气使钝端壳内膜的内外两层分离，形成气室。一般在蛋产出后 6 ～ 10 min 便形成气室。新鲜蛋的气室很小，随着存放时间的延长，蛋内的水分蒸发渐多，气室也逐渐增大。因此，气室的大小可作为判断蛋新鲜程度的指标之一。

2. 蛋白（蛋清）

蛋壳与蛋黄之间的白色透明的黏稠半胶质物质，称为蛋白或蛋清。蛋白是典型的胶体结构，约占蛋内容物的 60%。蛋白分为浓蛋白和稀蛋白，共有 4 层结构，由外向内依次为外稀蛋白、外浓蛋白、内稀蛋白和内浓蛋白，愈接近蛋黄的蛋白愈浓，愈接近蛋壳的蛋白愈稀薄。

在蛋白中，位于蛋黄的两端各有一条浓厚的、白色带状物，叫系带。系带与紧裹在蛋黄外的系带层浓蛋白相连，位于蛋白纵轴、蛋黄的两端，具有固定蛋黄的作用。系带由浓厚蛋白构成，新鲜蛋的系带较粗且有弹性，含有丰富的溶菌酶，当蛋存放时间较长、外界温度较高的情况下，系带受蛋白酶的作用被溶解而失去固定蛋黄的作用，因而蛋黄上浮，并发生贴壳现象。因此，系带存在的状况也是鉴别蛋新鲜程度的重要标志之一。

浓蛋白与蛋的质量、贮藏、加工有着密切的关系，含有溶菌酶，它具有溶解微生物膜的特性，因此有抑制和杀灭侵入微生物的作用。新鲜蛋的浓蛋白约占蛋白总量的 55%。随着蛋存放时间的延长或受外界较高气温等因素的影响，溶菌酶也逐渐减少，以至完全消失，蛋便失去了抑菌和杀菌的能力。此时侵入蛋内的微生物便开始生长繁殖，使蛋腐败变质。浓蛋白在存放的过程中逐渐变稀，在高温和微生物的作用下，加快了浓蛋白变稀的速度。实际上，浓蛋白变稀的过程，就是鲜蛋失去自身抵抗力和开始陈化及变质的过程。因此，浓蛋白含量的多少也是衡量蛋新鲜程度的标志之一。

稀蛋白约占蛋白总量的45%，呈水样胶体，不含溶菌酶。当蛋存放较久或环境温度较高时，浓蛋白减少而稀蛋白增加，这是蛋变陈的标志。

3. 蛋黄

蛋黄由蛋黄膜、蛋黄液和胚珠（胚盘）构成。新鲜蛋的蛋黄呈球形，两端由系带牵连，所以总是被固定在蛋的中央。

（1）蛋黄膜。蛋黄膜紧裹着蛋黄液，为一层透明且韧性很强的薄膜，所以新鲜蛋的蛋黄紧缩成球形。蛋黄膜的厚度为16 μm左右，它起着保护蛋黄和胚珠的作用，防止蛋黄与蛋白混合。如果因微生物侵入，在细菌酶的作用下使蛋白质分解和蛋黄膜破裂，则形成泻黄蛋。因此，蛋黄膜韧性的大小和完整与否，也是蛋新鲜程度的标志之一。

（2）蛋黄液。蛋黄液是一种显黄色的半透明胶状液，约占蛋总重量的32%。蛋黄液有黄色和浅黄色两种颜色，彼此相间，由里向外分层排列成非完全封闭式的球状。在蛋黄液的中心部分为白蛋黄，形似细颈瓶状，称为淡卵黄柱或蛋黄芯。淡卵黄柱向外延伸至蛋黄膜下，其喇叭形的口部托着胚珠。煮熟的蛋，在蛋黄与蛋白之间，即蛋黄的外面形成一层灰绿色的物质，这是蛋白中的硫化氢与蛋黄中的铁生成的产物。

（3）胚珠（胚盘）。在蛋黄表面的蛋黄芯喇叭口部有一乳白色的小点，直径为2～3 mm，为次级卵母细胞，未受精或完全新鲜蛋的次级卵母细胞呈圆形，称为胚珠，直径约2.5 mm；受精卵经多次分裂后形成胚盘，直径为3.0～3.5 mm。当环境温度在25 ℃以上时，胚胎逐渐发育增大，蛋的品质随之而降低。

（三）蛋的化学组成

蛋的化学组成主要是水、蛋白质、脂肪、矿物质和维生素等。这些成分的含量因家禽种类、品种、年龄、饲养条件、产蛋期及其他因素不同而有较大差异。

1. 蛋壳的化学组成

蛋壳为不可食部分，占整个蛋重的10%～13%。蛋壳中有机物约占4%，主要为蛋白质；无机物中主要成分是碳酸钙，约占93%，碳酸镁约占1%；其次有少量的磷酸钙、磷酸镁及色素。

2. 蛋白（蛋清）的化学组成

蛋白（蛋清）是蛋的主要组成部分，约占鸡蛋内容物的64%，鸭蛋内容物的57%，鹅蛋内容物的62%。

（1）水分。蛋白中的水分含量为85%～88%，鸡蛋蛋白中的水分含量稍高于鸭蛋和鹅蛋。同一种类的蛋或同一枚蛋中，各层蛋白的含水量也有所不同，例如，新鲜蛋外层稀蛋白的水分含量为89.10%，中层浓蛋白的水分含量为87.75%，内层稀蛋白的水分含量为88.35%。随着蛋贮藏时间的延长，稀蛋白所占的比例逐渐增加，浓蛋白逐渐减少，因而蛋白的水分含量也逐渐增高，蛋白则变得稀薄。

（2）蛋白质。蛋白中的蛋白质含量为总量的11%～13%，其中又可分为卵白蛋白、伴白蛋白、卵球蛋白、卵黏蛋白和卵类黏蛋白等。这些蛋白质又可分为两类，一类为简单蛋白，如卵白蛋白、伴白蛋白和卵球蛋白；另一类为糖蛋白类，如卵黏蛋白和卵类黏蛋白。

（3）碳水化合物。蛋白中的碳水化合物含量为 1% 左右，分两种状态存在。一种与蛋白质结合形成糖蛋白，呈结合状态存在；另一种呈游离状态存在，如葡萄糖。蛋白中葡萄糖的含量不同，鸡蛋蛋白为 0.41%，鸭蛋蛋白为 0.55%，鹅蛋蛋白为 0.51%。蛋白中碳水化合物的含量虽少，但与蛋白片、蛋白粉等产品的色泽有密切关系。

（4）矿物质。蛋白中的矿物质以灰分计约为 0.60%（鸡蛋），主要有钾（0.121%）、钠（0.126%）、钙（0.044%）、镁（0.011%）、磷（0.182%）等。还含有少量和微量的碘、溴、硼等。

（5）维生素。蛋白中所含维生素的种类和含量较蛋黄中少，主要有维生素 B_2（0.32 mg/100 g）、烟酸（0.2 mg/100 g）及维生素 B_1（0.13 mg/100 g）。

（6）酶。蛋白中含有蛋白分解酶、淀粉酶、溶菌酶等。其中蛋白分解酶在蛋的贮藏过程中对蛋白有分解作用，因而使蛋白逐渐变稀，蛋白质含量逐渐减少。溶菌酶在初生蛋中含量最高，随着蛋贮存时间的延长而减少，直至消失。因此，溶菌酶只在一定时间和一定条件下有杀菌作用，在 37 ～ 40 ℃及 pH 值为 7.2 时活力最强。此外，受精蛋的胚胎从一开始发育，酶就发挥作用，故酶与雏的形成有密切的关系。

3. 蛋黄的化学组成

蛋黄也是蛋的主要组成部分，约占鸡蛋内容物的 36%，鸭蛋内容物的 43%，鹅蛋内容物的 38%。例如，鸡蛋黄的化学成分主要是水（51.5%）、蛋白质（15.2%）、脂肪（38.2%）、碳水化合物（3.4%）、矿物质（以灰分计占 1.7%）、维生素、色素等。

蛋黄有黄色蛋黄与白色蛋黄之分，白色蛋黄仅占整个蛋黄的 5%，其余为黄色蛋黄，两者之间的化学组成有较大的差别。

（1）蛋白质。蛋黄中的蛋白质占 14% ～ 16%，主要有卵黄磷蛋白、卵黄球蛋白及少量的白蛋白和糖蛋白。

（2）脂肪。蛋黄中有 30% ～ 33% 的脂肪，其中属于甘油三酯的真脂肪约占 20%，磷脂约占 10%，胆固醇约占 0.7%。真脂是多种高度不饱和脂肪酸的甘油三酯，为橙色和黄色的半黏稠乳浊状，其密度为 0.918 kg/m^3，熔点为 16 ～ 18 ℃，凝固点为 −7 ～ −5 ℃。磷脂中大部分为卵磷脂，其次为脑磷脂，以及少量的神经磷脂。磷脂有很强的乳化作用，能使蛋黄保持很稳定的乳化状态。

（3）矿物质。蛋黄中的矿物质以灰分计占 1.5% ～ 1.7%。鸡蛋黄中的主要矿物质含量为钾 95（mg/100 g）、钠 54.9（mg/100 g）、钙 112（mg/100 g）、镁 41（mg/100 g）、磷 240（mg/100 g），其次还含有少量的铁（6.5 mg/100 g）及微量的锌、铜、锰、碘等。

（4）维生素。蛋黄含有丰富的维生素，其中以维生素 A（438 μg/100 g）、维生素 B_1（0.05 mg/100 g）、维生素 B_2（0.40 mg/100 g）等含量居多，还含有一定量的泛酸及维生素 D、维生素 E、维生素 K 等。

（5）色素和酶。蛋黄中含有多种色素，从而使蛋黄呈黄色至橙黄色。其中主要为叶黄素，其次为玉米黄质，还有一定量的胡萝卜素、核黄素等。蛋黄中的色素与饲料有关。蛋黄还含有多种酶类，如淀粉酶、蛋白酶、解脂酶、过氧化氢酶等。

（四）蛋在贮藏时的变化

1. 蛋的污染

来自健康家禽的新鲜蛋，可以认为是无菌的。而事实上经常从新鲜蛋中检验出多种细菌和霉菌，其中包括致病菌和引起食物中毒的病原菌。蛋被微生物污染，可通过两个途径：一是产前污染，即患病家禽生殖器官中的病原微生物或健康家禽生殖器官中的寄生菌，在蛋液形成过程中进入蛋内，此外，某些寄生虫如绦虫、线虫、吸虫，也可在产前进入蛋内；二是产后污染，即当蛋产出后，外界微生物通过气孔进入蛋内。蛋中常见的微生物有变形杆菌、沙门菌、假单胞菌、大肠埃希菌、枯草杆菌、禽分枝杆菌、葡萄球菌、腐败厌氧菌、青霉菌、毛霉菌、曲霉菌等，其中以沙门菌的食品卫生学意义最大。为防止蛋被微生物污染和腐败变质，应采取包括保持家禽的健康，改善贮蛋的卫生条件，杀灭蛋壳表面及环境中的微生物，严格控制蛋贮藏环境的温度和湿度等综合性措施。

2. 蛋在贮藏过程中的变化

从蛋的结构来看，蛋壳、壳外膜和壳内膜既能阻止外界微生物的侵入，又可减缓蛋内水分的蒸发，对蛋本身具有一定的保护作用。但这种保护作用是有一定限度的，特别是壳外膜很容易被水溶解而失去作用。总体来说，蛋在贮藏过程中，易发生物理、化学、生理学及微生物学等方面的变化，使鲜蛋变为陈蛋，甚至发生腐败变质。

（1）物理变化。蛋在贮藏过程中会在蛋重、气室、水分和 pH 值等方面发生变化。

①蛋重。鲜蛋在贮藏期间重量会逐渐减轻，贮藏时间越长，减重越多，其变化量与保存条件有关。不同的保存方法（如涂膜法、谷物贮藏法等）其失重也各有不同。

②气室。气室是衡量蛋新鲜程度的一个重要标志。在贮藏过程中，气室随贮藏时间的延长而增大。气室的增大是由于水分蒸发、蛋内容物干缩所造成的。

③水分。随着贮藏时间延长，蛋白中的水分由于不断通过气孔向外蒸发，同时通过蛋黄膜向蛋黄渗透，其含量不断下降，可降至 71% 以下。而蛋黄中的水分会逐渐增加。

④ pH 值。新鲜蛋黄的 pH 值为 6.0 ～ 6.4，在贮藏过程中会逐渐上升而接近或达到中性。刚形成鸡蛋时，蛋白的 pH 值为 7.5 ～ 7.6；鸡蛋产出后，蛋白的 pH 值迅速上升至 8.7；贮藏一段时间（10 d 左右）后，蛋白 pH 值不断上升，可达 9 以上。但当蛋接近变质时，蛋白 pH 值有下降的趋势，当蛋白 pH 值降至 7.0 左右时尚可食用，若继续下降则不宜食用。

（2）化学变化。鲜蛋在贮藏过程中，各蛋白质比例将发生变化，其中卵类黏蛋白和卵球蛋白的含量相对增加，而卵伴白蛋白和溶菌酶减少；蛋黄中卵黄球蛋白和磷脂蛋白的含量减少，而低磷脂蛋白的含量增加；由于微生物对蛋白质的分解作用，会使蛋内含氮量增加，贮藏时间越长，蛋液中含氮量越高，甚至会产生对人体有害的一些挥发性盐基氮类物质。

刚产的蛋，其脂肪中游离脂肪酸含量很低，随贮藏时间延长，接触空气后，脂肪酸败速度加快，使其游离脂肪酸含量迅速增加。在冰蛋贮藏时，尤其要注意这一点。蛋在贮藏期间，溶菌酶逐渐减少，碳水化合物也逐渐减少。

（3）生理学变化。蛋在贮藏期间，较高温度（25 ℃以上）会使其胚胎发生生理学变化，使受精卵的胚胎周围产生网状血丝、血圈，甚至血筋，称为胚胎发育蛋；使未受精卵的胚胎有膨大现象，称为热伤蛋。蛋的生理学变化，常常引起蛋的质量降低，耐贮性也随之降低，甚至引起蛋的腐败变质。控制贮藏温度是防止蛋生理学变化的重要措施。

（4）微生物学变化。微生物污染的蛋，在适宜温度下，微生物就会生长繁殖，并释放出蛋白水解酶，使蛋白逐渐水解，导致蛋白黏度消失，蛋黄的位置改变。蛋黄膜失去韧性而破裂，形成散黄蛋。而蛋白质先被分解为氨基酸，继而形成酰胺、氨和硫化氢等，使蛋产生强烈的臭气，并形成某些有毒的活性物质。由于氨和硫化氢不断积聚，最终引起蛋壳的爆裂。

（五）蛋的卫生检验

1. 外观检查

（1）蛋壳。观察蛋壳的完整性、清洁度和色泽。正常的蛋壳应完整无裂缝、无破损，表面清洁，无明显的污渍和霉斑。蛋壳的色泽应均匀，无异常变色。

（2）蛋形。检查蛋的形状是否正常，一般应为椭圆形，无畸形。

（3）大小。比较蛋的大小是否符合标准，同一批次的蛋应大小相对均匀。

2. 灯光透视检查

（1）气室。将蛋对着灯光透视，观察气室的大小。新鲜蛋的气室较小，随着存放时间的延长，气室会逐渐变大。

（2）蛋黄。检查蛋黄的位置、形状和色泽。新鲜蛋的蛋黄应位于蛋的中心，呈球形，色泽鲜艳，无散黄现象。

（3）蛋白。观察蛋白的透明度和浓度。新鲜蛋的蛋白应清澈透明，浓度较高。如果蛋白变稀、浑浊或有异味，则可能是不新鲜或变质的蛋。

3. 微生物检测

（1）细菌总数。通过培养和计数的方法，检测蛋中的细菌总数。细菌总数过高可能表明蛋受到了污染，存在卫生风险。

（2）致病菌检测。检测蛋中是否存在沙门菌、金黄色葡萄球菌等致病菌。这些致病菌可能会引起食物中毒，对人体健康造成严重危害。

4. 化学物质检测

（1）农药残留。检测蛋中是否含有农药残留，如有机磷、有机氯等农药。农药残留可能会对人体健康造成潜在危害。

（2）兽药残留。检测蛋中是否含有兽药残留，如抗生素、激素等。兽药残留可能会引起过敏反应、耐药性等问题。

（3）重金属检测。检测蛋中是否含有重金属，如铅、汞、镉等。重金属超标可能会对人体的神经系统、免疫系统等造成损害。

5. 其他检测项目

（1）哈夫单位。哈夫单位是衡量蛋新鲜度的一个指标，通过测定蛋白的高度和蛋的重量来计算。哈夫单位越高，表明蛋越新鲜。

（2）蛋黄指数。蛋黄指数是指蛋黄高度与蛋黄直径的比值，用于评估蛋黄的质量和新鲜度。新鲜蛋的蛋黄指数较高，随着存放时间的延长，蛋黄指数会逐渐降低。

二、材料准备

（一）查阅蛋的相关资料

主要包括蛋结构、蛋基本性质、蛋的品质特性等。

（二）查阅鲜蛋品质鉴别方法的相关资料

主要包括感官鉴别、光照鉴别、相对密度鉴别等。

三、人员准备

人员分组，每组 5 人。明确职责分工。

人员分工表

任务角色	任务内容
组长：	任务：
组员 1：	任务：
组员 2：	任务：
组员 3：	任务：
组员 4：	任务：

任务实施

一、实施内容

明确要调查的项目，确定要采用的鲜蛋鉴别方法，明确鉴别项目、需要使用的材料和设备、国家相关标准等。

二、实施方法

认真思考如何才能获取更好的信息，通过哪些渠道获取信息资料，并对这些资料进行加工编纂，形成可供鉴别鲜蛋品质的方案。

三、实施流程

第一步：深入了解鲜蛋在贮藏时的变化。
第二步：调查常见鲜蛋的鉴别方法。
第三步：查阅鲜蛋检测国家标准。
第四步：完成鲜蛋鉴别方案并按照方案进行鉴别操作。

任务检测

在线测试

任务评价

工作任务完成过程评价表

班级：________ 组别：________ 姓名：________

项目	评分标准	自我评价	小组评价	教师评价
理论知识	（1）了解鲜蛋在贮藏时的变化			
	（2）了解鲜蛋检测国家标准			
	（3）掌握常见的鲜蛋鉴别方法			
实操技能	（1）能够独立完成鲜蛋的检测并准确分级			
	（2）能够有效利用网络、图书资源查找有用的相关信息，能将查到的信息有效地运用到学习中			
	（3）积极主动与教师、同学交流，相互尊重、理解。与教师、同学间能保持多向、丰富的信息交流			
	（4）能处理好合作学习和独立思考的关系，做到有效学习。能提出有意义的问题或能发表个人见解			

（续表）

项目	评分标准	自我评价	小组评价	教师评价
思政素养	（1）能从全局上筹划相关事项或行动的具体安排			
	（2）能够细致认真地分析资料			
合计				
自我评价与总结				
教师点评				

课程思政专栏

青海2批次鸡蛋检出禁用兽药

青海省市场监督管理局抽检了餐饮食品、食用油、油脂及其制品等共9大类351批次食品，共检出5批次食用农产品不合格。

果洛玛沁万豪购物广场销售的白鸡蛋，氟虫腈和恩诺沙星不符合食品安全国家标准规定，氟虫腈检出值为0.14 mg/kg，标准规定为不大于0.02 mg/kg；恩诺沙星检出值为3.7 μg/kg，标准规定为不得检出。

果洛玛沁万豪购物广场销售的红鸡蛋，恩诺沙星和氟苯尼考不符合食品安全国家标准规定，恩诺沙星检出值为28.9 μg/kg，标准规定为不得检出；氟苯尼考检出值为0.36 μg/kg，标准规定为不得检出。

氟苯尼考又称氟甲砜霉素，是农业农村部批准使用的动物专用抗菌药，主要用于敏感细菌所致的猪、鸡、鱼的细菌性疾病。《动物性食品中兽药最高残留限量》中规定在产蛋鸡中禁用（鸡蛋中不得检出）。鸡蛋中检出氟苯尼考，可能是企业的鸡饲料添加或者家禽疾病治疗中使用的氟苯尼考残留积累在家禽体内，进而传递至蛋品中。长期食用氟苯尼考残留超标的蛋品，对人体健康有一定的影响。

恩诺沙星属于氟喹诺酮类药物，是一类人工合成的广谱抗菌药，用于治疗动物的皮肤感染、呼吸道感染等，是动物专属用药。不合格原因可能是企业的饲料添加或者家禽疾病治疗中，使用的恩诺沙星积累在家禽体内，进而传递。长期食用恩诺沙星残留超标的食品，对人体健康有一定的影响。

氟虫腈是一种苯基吡唑类杀虫剂，杀虫谱广。对害虫以胃毒作用为主，兼有触杀和一定的内吸作用。GB 2763—2021《食品安全国家标准 食品中农药最大残留限量》中规定，氟虫腈在鸡蛋中的最大残留限量为0.02 mg/kg。世界卫生组织表示，少量的农药残留不会引起人类急性中毒，大量进食含有高浓度氟虫腈的食品，会损害肝脏、甲状腺和肾脏。（来源：西宁晚报）

【启示】科学使用农药兽药体现责任担当。这是对公众健康负责，避免残留超标危害；也是对生态负责，确保可持续发展。它彰显诚信经营，严格按规使用，保障农产品质量。同时培养科学精神与法治观念，推动社会进步，意义重大。

树立食品安全责任意识。食品安全关系到每个公民的生命健康，关系到国计民生，已经成为从食品原料生产、加工到流通整个食品供应链中的一个关键因素。食品安全责任重于泰山。作为未来的食品行业技术、研发和经营管理人员，需要始终将食品安全责任铭记于心、扛在肩上，确保安全。

任务二　皮蛋加工

任务导入

皮蛋又称松花蛋、变蛋、碱蛋、彩蛋和泥蛋等，是我国独创的一类生食蛋品，有着悠久的生产历史。皮蛋食法简单，美味可口，风味独特，营养丰富，每 100 g 可食皮蛋中，氨基酸总量高达 32 mg，为鲜鸭蛋的 11 倍，而且氨基酸种类多达 20 种。因此，皮蛋比鲜蛋的营养价值更高，在人体内更容易被消化吸收；便于贮藏保管，可调节市场供应，促进供销平衡；具有清凉、解热消火、平肝明目、降血压、开胃等功效，如加醋伴食，还有助于治疗高血压。

某位同学发现了一袋腌制皮蛋的泥料，配料表上的成分是氧化钙、纯碱和食盐。他想探究在腌制皮蛋的过程中用到的这些材料分别都起到什么作用，于是他邀请你和他一起进行皮蛋的加工。

任务工单

班级：＿＿＿＿＿＿＿＿　姓名：＿＿＿＿＿＿＿＿　学号：＿＿＿＿＿＿＿＿

任务名称	皮蛋的加工
任务描述	根据实际情况，填写本任务的内容、目的、流程和方法。 任务内容：＿＿＿＿＿＿＿＿ ＿＿＿＿＿＿＿＿ 任务目的：＿＿＿＿＿＿＿＿ ＿＿＿＿＿＿＿＿ 任务流程：＿＿＿＿＿＿＿＿ ＿＿＿＿＿＿＿＿ 任务方法：＿＿＿＿＿＿＿＿ ＿＿＿＿＿＿＿＿
获取信息	要完成任务，需要掌握相关的知识。请你搜集资料，回答以下几个问题。 （1）皮蛋加工的原理是什么？ （2）皮蛋的加工需要哪些材料？

（续表）

<table>
<tr><th>任务名称</th><th colspan="4">皮蛋的加工</th></tr>
<tr><td>获取信息</td><td colspan="4">（3）氧化钙在加工过程中起到什么作用？

（4）“松花”是怎样产生的？</td></tr>
<tr><td>制订计划</td><td colspan="4"></td></tr>
<tr><td rowspan="6">任务实施</td><td colspan="4">按照预先制订的计划，完成本任务，并记录任务实施的过程。</td></tr>
<tr><td>序号</td><td>完成的任务</td><td>遇到的问题</td><td>解决办法</td></tr>
<tr><td></td><td></td><td></td><td></td></tr>
<tr><td></td><td></td><td></td><td></td></tr>
<tr><td></td><td></td><td></td><td></td></tr>
<tr><td></td><td></td><td></td><td></td></tr>
</table>

任务准备

一、知识准备

（一）皮蛋制作的原理

皮蛋的制作主要是利用其在碱性溶液中，蛋白质凝胶变成富有弹性固体的原理制成。皮蛋的传统加工工艺以及各种配方大同小异，使用不同配比的烧碱、纯碱、石灰、食盐、茶末、柴碱等按照一定的比例混合均匀后，再将鸭蛋按照不同的加工方法进行处理。在这些辅料的作用下，蛋白和蛋黄不断发生复杂的变化，先是蛋白迅速液化（作清期），然后由液化而逐渐凝固，并具有弹性（凝固期）。初期颜色的变化并不明显，随蛋白的进一步变化，即会出现由浅到深的玳瑁色泽。蛋黄从外围逐渐到中心发生凝集并产生色的变化（成色期）。蛋白产生密集松针状结晶，蛋黄的绝大部分都可显现绚丽色彩，即皮蛋成熟。

（二）原料、辅料及加工季节的选择

1. 原料的选择

加工皮蛋的主要原料是鲜鸭蛋，有些地区也用鲜鸡蛋。为保证皮蛋的质量，加工前

必须通过照光和敲验，对鲜蛋进行逐个检验和挑选，剔除破损蛋、裂纹蛋、散黄蛋、热伤蛋、贴皮蛋等各种次蛋、劣蛋，选择新鲜、干净、无水湿、无粪污的质量合格蛋。还要按蛋重或大小进行分级，以便按级进行投料加工，保证其成熟期一致。

2. 辅料的选择

加工的辅料对皮蛋的形成和质量的好坏起着重要作用。常用的辅料有纯碱、生石灰、食盐、红茶、氧化铅（黄丹粉）、植物灰和烧碱等，此外还有包料黄泥和谷壳等。

（1）纯碱。纯碱的化学名为无水碳酸钠（Na_2CO_3），商品名为大苏打、食碱、碱粉等，其作用是使蛋内容物凝固，是加工皮蛋的主要辅料之一。要求其色白、粉细、碳酸钠含量在 96% 以上。因其用量会直接影响皮蛋的质量，所以配料时一定要知道纯碱中碳酸钠的含量。对含量过低、变色发黄的“老碱”不应使用，含水量高的也要经过处理后才能使用。

（2）生石灰。生石灰的化学名为氧化钙（CaO），俗称石灰、炼石灰、角灰、块灰等，应选用块大、体轻、纯度高、加水后发泡多并能迅速溶化的优质生石灰，其有效钙含量不得低于 70%。因生石灰易吸潮，一般应随用随购，用不完的应存放在干燥清洁的仓库内密封贮藏。

（3）烧碱。烧碱的化学名为氢氧化钠（NaOH），又称苛性钠、火碱等，为白色固体，有条棒、颗粒等形状。工业用烧碱为大块状，因其腐蚀性强，多以铁桶包装。氢氧化钠含量只有 40% ～ 50% 的称为液体烧碱。

烧碱是重要的化工原料，也是加工皮蛋的辅料。它不仅能代替纯碱和生石灰的作用，而且可免除纯碱和生石灰料液产生大量碳酸钙沉淀的缺陷，同时给工艺带来了方便，降低了成本，因此，使用烧碱加工皮蛋的厂家越来越多。但在使用时要特别注意，防止其对人体皮肤和衣服的腐蚀。

（4）食盐。食盐的化学名为氯化钠（NaCl），能改善皮蛋的风味，减弱其辛辣味，加快蛋的化清（盐析作用），促进蛋黄形成溏心，并能抑制有害微生物的活动和繁殖。但食盐用量不可过多，过多时蛋白的凝固力差，蛋黄发硬。食盐在溶液中的浓度一般为 3% ～ 4%，所用食盐的氯化钠含量应在 96% 以上，一般多采用海盐和井盐。

（5）草木灰。草木灰包括桑树灰、桐壳灰、豆秆灰、棉壳灰等，主要含有碳酸钠和碳酸钾等成分，是加工皮蛋不可缺少的辅料，也起着辅助蛋白凝固的作用。使用前要过筛，除去杂质。

（6）松柏枝。松柏枝含有特殊气味的树脂和芳香物质，有助于改善皮蛋的风味。

（7）包泥。为了保持皮蛋的质量，防止破损，利于远销，腌制的成品出缸后，须包上含有汤料的黄泥，表面再滚上一层稻壳以防止粘连。黄泥要求质匀、干燥、无异味，谷壳要求色佳、不霉，配料须用干净的凉开水调匀。

3. 加工季节的选择

春、秋雨季加工最好。冬天加工皮蛋时，室温最好保持在 15 ～ 20 ℃；夏天加工皮蛋时，室温最好不要超过 30 ℃。

（三）皮蛋的加工方法

皮蛋的加工方法有很多，但各种方法大同小异，所用材料基本相同，概括起来有浸泡包泥法（又称兼用法）及包泥法（加工硬心皮蛋）。

1. 浸泡包泥法

浸泡包泥法是先用浸泡法腌制成溏心皮蛋，再用含有汤料的泥巴包裹、装箱（缸）、密封保存的方法。这是我国北方常用的加工方法，很适合于加工出口皮蛋。

其基本工艺流程为配料→熬料（冲料）→原料蛋选择→照蛋→敲蛋→分级→装缸→灌料→腌制→质检→出缸→洗晾蛋→质检分级→包蛋→成品。各工艺操作要点如下。

（1）料液的配制。配料标准随地区和季节的不同而有所差异，主要是生石灰和纯碱的用量有所不同。由于夏季的鸭蛋不及春、秋季的质量高，蛋下缸后不久，蛋黄就会上浮、变质，所以生石灰和纯碱的用量要适当加大，从而加快皮蛋的成熟。

（2）熬料。熬料配料方法分为熬料和冲料。熬料法又分为两种，一种方法是先把纯碱、食盐、茶叶、松柏枝、清水倒入锅内，加热煮沸，然后倒入盛有黄丹粉和生石灰的缸内，搅拌均匀，冷却后待用；另一种方法是把茶叶熬成茶汁后，把茶叶捞出，再将纯碱、食盐、黄丹粉同时放入搅匀，然后倒入放有石灰、草木灰的容器中，待其作用完成后，搅拌均匀，并将石灰渣和不溶化的石块捞出，冷却后待用。

冲料法是先把纯碱、茶叶放在缸底，后将定量的开水倒入缸内，随即放入黄丹粉，经搅拌溶解后，再投放生石灰，最后加入食盐，搅拌均匀，使之充分作用，冷却后待用。

无论是熬料还是冲料，各种原料都要按配料标准预先准确称量，配制好的料液或汤料都必须保持清洁，不准再掺入生水。

（3）装缸和灌料。装缸是将挑选的原料蛋，经过感官鉴别、照蛋、敲蛋、分级等工序，放入清洁缸内的过程。装缸前，在缸底要铺一层清洁的麦秸，然后一层一层地轻拿平放，切忌直立，不要搭空。最上层应离缸口 6 ～ 10 cm，以便封缸，上面用竹篦盖上，木棍压住，以免灌料后蛋漂浮起来。

装缸后，将配好的料液搅拌后按需按量，徐徐沿缸边倒入缸内，灌至汤料将鸭蛋全部淹没为止，忌猛倒。然后盖上缸盖，注明日期，保持室温在 20 ～ 25 ℃，待其成熟。

对于汤料温度，春秋季应控制在 15 ℃左右，冬季不能低于 20 ℃，夏季要保持在 50 ℃以下。料温低、室温低时，产品的蛋黄不成溏心，蛋清发黄，有的部分发硬，并带有苦涩味。反之，如料温过高，则蛋清发软、粘皮，剥壳后蛋白不完整，甚至有的蛋黄发臭，影响大部分蛋的质量。

（4）腌制。灌料后即进入腌制过程，腌制开始至皮蛋成熟，这一阶段的技术管理工作同成品质量的关系颇为密切。首先是严格掌握室内和缸内温度，一般控制在 20 ～ 24 ℃。灌料数天后（春秋季 10 ～ 13 d，夏季 6 ～ 7 d，冬季 8 ～ 10 d），室内温度可提高到 25 ～ 27 ℃，以便加速料液向蛋内渗透，促进成熟。待浸渍 15 d 左右，温度可稍降低，以减缓料液进入蛋内，使变化过程缓和。其次是勤观察，勤检查。必须有专人负责，每天检查蛋的变化、温度高低、汤料多少等，并随时记录，以便能发现问题及时解决。一般要进行三次重点检查，第一次检查在鲜蛋装缸后 5 ～ 6 d（夏天，25 ～ 30 ℃）或 7 ～ 10 d（冬天，15 ～ 20 ℃）进行；第二次检查一般在装缸后 20 d 左右，进行少量抽查；第三次检查是在装缸后 30 d 左右进行，以确定出缸时间。

（5）质检。出缸鸭蛋经抽样检验为成熟后，便可出缸。即用特制的蛋捞子将成熟的皮蛋捞出，用凉开水冲洗干净，晾干即可。

（6）检验分级。出缸后的皮蛋一般要进行检验分级。质量检验采取感官检验和灯光透视相结合的方法，即“一观、二掂、三摇晃、四照”的方法。

①“一观”，即观察成品蛋的外观，剔除破蛋、次蛋、劣蛋。

②“二掂”，即拿起一枚成品蛋，向上轻轻抛起二三次，若掂到手里有震颤和沉甸甸的感觉者为优质蛋，微有弹性者为无汤心（死心）蛋，无弹性者需进一步用手摇法鉴别。

③“三摇”，即用手捏住蛋的两端，在耳边上下左右摇晃，听其有无水响声或撞击声，有水响声者为劣质水响蛋。

④“四照”，一般用上述方法即能完成成品的检验，如用上述方法难以判明成品质量的优劣时，则采用照蛋法进行鉴定。

经过上述方法鉴定出的优质蛋或正常合格蛋，根据个头大小、按有关分级标准进行分级装篓，以备包泥。

（7）包泥。滚稻包泥的方法有两种：一种是全部用出缸后的残料，滤出上清液，调成一定的黏稠度，以能包蛋为宜；另一种是用部分残汤料，再加上 40% ～ 60% 的黄泥土，调和成均匀糊状后使用。包泥时用泥料将蛋逐个包裹，然后放在稻壳上来回滚动，使稻壳均匀地粘到包泥上，以便于储存。

配制 2 000 枚皮蛋，包泥料一般需要黄泥 35 kg、残料泥 65 kg，在包泥前一天配制。配制时不能使用生水，否则会引起包泥霉变。

为改革包涂工艺，也可采用聚乙烯醇、火棉胶等成膜剂和白油涂料。白油涂料的配比为液体石蜡 29.7%，失水山梨醇油酸酯（俗称斯盘 80）2.6%，吐温 3.9%，脂肪醇聚氧乙烯醚（俗称平平加）0.67%，硬脂酸 2.0%，三乙醇胺 1.04%，水 60%，使用时再加水稀释 1 倍即可。

（8）装箱。贮存包好泥的蛋要迅速装箱、密封，以保持包料的湿润，不致干裂脱落，然后入库储存。贮存期取决于加工季节，春秋期加工的不得超过 4 个月，夏季加工的不得超过 2 个月。

2. 包泥法

包泥法即直接用料泥包裹鲜蛋，再经滚稻壳后装缸、密封，待成熟后储存的方法。用此方法，蛋的收缩凝固缓慢，成熟期长，适于长期储存。加工硬心皮蛋采用此法，因其起源于湖南，故又称湖南彩蛋加工法。

其基本工艺流程为配料→制料→起料→冷却→打料→验收→照蛋→靠蛋→分级→搓

蛋→钳蛋→封缸→质检→出缸→选蛋→包装。各工艺操作要点如下。

（1）料泥的配制。包泥法适于春、秋两季生产，不同地区、不同季节其配方略有差异，参考配方可为鲜鸭蛋 1 000 枚，氧化铅 450 g，生石灰 25 kg，纯碱 10 kg，食盐 4 kg，红茶末 5 kg，沸水 50 kg，干黄土 25 kg，柴灰 25 kg。

制料时先将红茶末放入锅内，加水煮沸，再将生石灰投入茶叶内，待生石灰与之作用达 80% 左右时，加入纯碱和食盐。当生石灰全部作用后，把杂质和生石灰渣除去，并按量补足生石灰。将植物灰倒进搅拌机内，再将含碱、盐、石灰的茶叶倾入，开动机器搅拌均匀后，取出倾倒在地上，平摊 10 cm 左右的厚度，并用铁铲画成 30 cm 见方的小块，冷却后待用。

将冷却好的料泥，投入打料机内（可用建筑灰浆搅拌机）打料数分钟，待料泥发黏，即可送往搓蛋房待用。

配制好的料泥除用感官检查外，最好用滴定法测定其碱度，以保证其质量。

（2）搓蛋和钳蛋。取蛋一枚，料泥 30 ～ 35 g，用双手合拢搓之，使蛋身裹满料泥，应力求均匀一致，防止厚薄不匀和露壳现象。搓好后轻抛在稻糠里，使蛋粘满稻壳后，用竹夹钳到缸内排列。

（3）封缸。缸装满后送往仓库，用塑料薄膜封口，贴上标签，在 17 ～ 25 ℃的温度下放置，使其成熟。

（4）质检。第一次抽样时间因季节不同而不同，春秋季（室温 15 ～ 21 ℃）在第 15 ～ 16 天，冬季（室温 5 ～ 10 ℃）在第 22 天，夏季（室温 26 ～ 35 ℃）在第 9 天。在蛋接近成熟时，要经常抽样检查，春季 60 ～ 70 d、秋季 70 ～ 80 d 即可出缸。

（5）选蛋和包装。包泥蛋因不能直接透视观察，常用“一观、二掂、三摇、四敲、五弹、六品尝”的方法进行鉴定，而且以敲为主，以摇为辅。将包泥完整、稻壳金黄、料泥湿润不干燥、无霉变蛋壳、无破损的蛋，装箱贮藏或销售。

二、材料准备

（一）查阅皮蛋的工艺流程

主要包括化清阶段、凝固阶段、变色阶段、成熟阶段、贮藏阶段等。

（二）查阅浸泡包泥法的加工工艺

主要包括灰料泥制备方法，封缸温、湿，贮存温、湿度等。

（三）查阅皮蛋加工中的质量问题及措施

主要包括蛋壳裂缝、破损、蛋白未变色等。

三、人员准备

人员分组，每组 5 人。明确职责分工。

人员分工表

任务角色	任务内容
组长：	任务：
组员 1：	任务：
组员 2：	任务：
组员 3：	任务：
组员 4：	任务：

任务实施

一、实施内容

明确要调查的项目，确定要运用的皮蛋加工工艺，明确操作过程中的各项参数、需要使用的材料和设备、出现质量问题的应对措施等。

二、实施方法

认真思考如何才能获取更有价值的信息，通过哪些渠道获取信息资料，并对这些资料进行加工整理，形成可供该同学使用的方案。

三、实施流程

第一步：深入了解皮蛋的制作原理。
第二步：调查皮蛋的加工工艺。
第三步：查阅皮蛋浸泡包泥法的加工工艺。
第四步：协助该同学制作皮蛋，并掌握每种材料的用法及作用。

任务检测

在线测试

任务评价

工作任务完成过程评价表

班级：__________ 组别：__________ 姓名：__________

项目	评分标准	自我评价	小组评价	教师评价
理论知识	（1）了解皮蛋制作的原理			
	（2）了解皮蛋加工原辅料的选择和预处理的方法			
	（3）掌握皮蛋常见质量问题的解决措施			
实操技能	（1）能够独立加工皮蛋并解决加工过程中的常见质量问题			
	（2）能够有效利用网络、图书资源查找有用的相关信息，能将查到的信息有效地运用到学习中			
	（3）积极主动与教师、同学交流，相互尊重、理解。与教师、同学间能保持多向、丰富的信息交流			
	（4）能处理好合作学习和独立思考的关系，做到有效学习。能提出有意义的问题或能发表个人见解			
思政素养	（1）能从全局上筹划相关事项或行动的具体安排			
	（2）能够细致认真地分析资料			
合计				
自我评价与总结				
教师点评				

课程思政专栏

“毒皮蛋”被曝光　皮蛋腌制产业陷入两难

中央电视台曝光的江西南昌“毒皮蛋”事件，让不少市民闻“蛋”色变。记者走访多家超市、菜市场发现，皮蛋市场销售受到一定影响，部分品牌皮蛋开始降价促销。而记者了解到，皮蛋除传统腌制方法之外，工业制皮蛋其实早已经陷入违规违法的两难境地。

传统皮蛋是用鲜鸭蛋加上食用碱、食盐、生石灰等原料腌制而成，腌制时间为两个多月。不过，现在工业制造皮蛋的周期明显缩短，其中溏心皮蛋腌制周期在40 d左右、沙心皮蛋腌制周期在60 d左右。但中央电视台曝光的江西产“毒皮蛋”

是用工业硫酸铜腌制，用江西神珠田园食品有限公司老板的原话说，一桶皮蛋一般要放 1.5 kg 硫酸铜。如果要一个月催熟，硫酸铜用量肯定要翻倍，而他们制造的皮蛋就是一个月出炉。很显然，产量高、流通快造成成本降低以牟取更多利益，成为不良厂商的选择。

国家食品安全风险评估中心专家王华丽告诉记者，用工业硫酸铜浸泡过的皮蛋对胃肠道都有强烈的刺激作用，同时会增加肝肾的负担，长期大量食用添加工业硫酸铜的皮蛋容易引起重金属中毒，并且还会引起皮肤病变、神经、消化和心血管系统障碍，对神经系统和血液系统都有一定的影响。其中，镉易引起皮肤病变、神经、消化和心血管系统障碍，铅对神经系统和血液系统都有一定的影响，砷可抑制人体一些酶的活性同时对血管壁有直接损伤，所以食用“毒皮蛋”可能会引起贫血、记忆力下降、肝肾损伤等疾病。（来源：人民网）

【启示】培养学生爱岗敬业、诚实守信的职业道德和知行结合的理念。爱岗敬业、诚实守信是学生走向社会后必备的职业道德素质，诚实守信是整个食品行业确保产品质量和食品安全所必备的职业操守。践行知行结合的理念才能将树立的食品安全责任意识落实，确保食品的质量与安全。

任务三 咸蛋加工

任务导入

咸蛋又称腌蛋，生产历史悠久，是我国民间传统特色产品。最著名的有江苏的高邮咸蛋、湖北的沙湖咸蛋及洞庭湖西岸的西湖咸蛋等。咸蛋风味独特，食用方便，营养丰富，深受国内外消费者的喜爱。其加工方法简单易行，生产费用低廉，既适宜专业化生产，又便于个体经营和家庭制作，全国各地均可加工。

某同学在学习完皮蛋的制作后对再制蛋的加工产生了浓厚的兴趣，在吃过一枚咸鸭蛋后萌生了自己制作咸蛋的想法，他邀请你一起进行制作，请你翻阅相关资料和他一起制作咸蛋。

任务工单

班级：＿＿＿＿＿＿＿＿ 姓名：＿＿＿＿＿＿＿＿ 学号：＿＿＿＿＿＿＿＿

任务名称	咸蛋的加工
任务描述	根据实际情况，填写本任务的内容、目的、流程和方法。 任务内容：＿＿＿＿＿＿＿＿ 任务目的：＿＿＿＿＿＿＿＿ 任务流程：＿＿＿＿＿＿＿＿ 任务方法：＿＿＿＿＿＿＿＿
获取信息	要完成任务，需要掌握相关的知识。请你搜集资料，回答以下几个问题。 （1）咸蛋制作的原理是什么？ （2）咸蛋的加工需要哪些材料？ （3）食盐在加工过程中起到什么作用？

（续表）

<table>
<tr><td>任务名称</td><td colspan="4">咸蛋的加工</td></tr>
<tr><td>获取信息</td><td colspan="4">（4）哪些措施可以延长咸蛋的保质期？</td></tr>
<tr><td>制订计划</td><td colspan="4"></td></tr>
<tr><td rowspan="6">任务实施</td><td colspan="4">按照预先制订的计划，完成本任务，并记录任务实施的过程。</td></tr>
<tr><td>序号</td><td>完成的任务</td><td>遇到的问题</td><td>解决办法</td></tr>
<tr><td></td><td></td><td></td><td></td></tr>
<tr><td></td><td></td><td></td><td></td></tr>
<tr><td></td><td></td><td></td><td></td></tr>
<tr><td></td><td></td><td></td><td></td></tr>
</table>

任务准备

一、知识准备

（一）咸蛋制作的原理

咸蛋的腌制过程，就是食盐通过蛋壳、壳内膜和蛋白膜不断向蛋内部扩散，而蛋黄和蛋白中的水分不断向蛋外渗透的过程。食盐这种扩散和渗透的作用主要有以下 3 个方面。

1. 防腐保鲜

鲜蛋营养成分丰富，含水量占可食部分的 70% ～ 75%，利于微生物生长繁殖，容易腐坏。腌制过程中，由于蛋内容物含盐量增加，渗透压迅速升高，促使微生物原生质脱水萎缩，发生“质壁分离”，从而抑制微生物的滋生，甚至将其消灭。另外，由于离子水合作用，蛋内的水分活度显著降低，严重影响微生物的生长发育。同时，高浓度的盐离子还能抑制蛋白分解酶的活性。因此，食盐的腌制对鲜蛋具有明显的防腐保鲜作用。

2. 形成咸蛋的特有风味

蛋黄含有 30% 以上的脂肪，其中的脂肪和蛋白质、糖类、卵磷脂、水分等结合为一体，呈均质胶体状态。腌制过程中，由于盐分的渗入，破坏了蛋黄的胶质体系，加之水分的渗出，使原来均匀分布的乳化型细小脂肪珠逐渐分离析出，聚集成明显可见的油液和油滴，蛋黄丰润“出油”，朱红松沙，形成咸蛋鲜美独特的风味。

3. 促进蛋白和蛋黄理化性质的改变

腌制过程中，蛋白和蛋黄理化性质的变化明显不同，食盐使蛋白黏度逐渐降低，变得稀薄，而蛋黄的黏度却逐渐增加，变稠变硬。蛋中的脂肪几乎全部存在于蛋黄中，脂肪能阻止食盐的扩散，致使蛋黄的含盐量比蛋白少，而水分损失却比蛋白多，所以蛋黄的口味要比蛋白淡得多。

（二）咸蛋的加工技术

1. 原料蛋和辅料的选择

（1）原料蛋的挑选。加工咸蛋宜选用鲜鸭蛋。因在各种蛋中鸭蛋的脂肪含量最高，蛋黄中的色素也较多，制成咸蛋的品质最佳。鲜蛋应壳体完整，蛋质新鲜。最好根据鲜鸭蛋的个体大小和重量进行分级，以便按级别腌制加工，使之成熟均匀，规格统一。

（2）辅料的选择。辅料主要为食盐，草灰和黄泥则根据不同加工方法的要求选用。

①食用盐均可用于加工咸蛋。要求晶粒洁白均匀，咸味正常，不带苦涩味和其他异味，无可见的杂物，不潮解，氯化钠含量在 96% 以上。

②草灰最好用稻草灰，也可用麦秸灰或其他植物灰，但必须质地干燥洁净，无异味，不得受潮霉变，用前需过筛除去杂质。黄泥要色黄纯净，无异味，有机质含量少，用前须晒干、捣碎、过筛，使之成粉末状。禁用河道、池塘、水坑中的黑泥及农耕地、林地及杂草地表层泥土。因为这些泥土中含较多的腐殖质，易使蛋变质发臭。加工调配用水应符合饮用水卫生标准，最好用开水，以确保产品质量。

2. 加工方法

（1）盐泥涂布法。该法用食盐和黄泥加水调成泥浆（料泥）用以腌制咸蛋，是目前使用最广泛的一种方法。

操作要点：食盐和黄泥的用量各占原料蛋重量的 10% ～ 12%，即以等量的黄泥和食盐加水调制成浓稠适度的料泥；先在料盆中将食盐和黄泥搅拌均匀，再加入清水反复搅拌调成浆糊泥；盐泥的浓稠程度很关键，以鲜鸭蛋放入盐泥呈半浮半沉状态，能在蛋壳上均匀地粘上一层薄薄的料泥为适度；然后将鲜鸭蛋放入调好的盐泥中缓慢转动，待蛋壳表面粘满盐泥后取出，再放入腌制容器内，密封贮藏；夏季 30 d，春秋季 40 d，冬季 60 d 即可成熟，腌成咸蛋。

（2）草灰包蛋法。草灰包蛋法是用草灰、食盐和水调制成灰料，直接包裹鲜鸭蛋。我国传统出口咸蛋多采用此法。

配料标准：鲜鸭蛋 1 000 枚，食盐 3.75 ～ 6.00 kg，草灰 15 ～ 20 kg，清水 12.5 ～ 18.0 kg。

操作要点：草灰包蛋法加工咸蛋主要有制备灰料、提浆裹灰和密封腌制 3 个过程。

制备灰料又叫打浆，先把食盐溶解在清水中，加入部分草灰搅拌片刻，再逐渐加入剩余的草灰，继续充分搅拌，使灰料成为熟细均匀、稀稠适度的灰浆。具体标准是：将手放入灰浆内，取出后皮肤黑色发亮，灰料不流，不起水，不起块，不成团下坠，放入盛料盘内不起泡。打好的灰浆静置至次日待用。

提浆裹灰是原料蛋的上料过程。先将已选好的鲜鸭蛋放入经静置搅熟的灰浆内翻转，使蛋壳表面均匀地粘上 2 mm 厚的灰浆，随即在干草灰中滚动，在湿灰料表面裹上约 2 mm 厚的干草灰，再用手把蛋上的灰料包紧搓匀，使之厚薄一致，最后密封腌制，夏季约 40 d，春秋季约 60 d，冬天则需 70 d 以上即为成品。

（3）盐水浸泡法。盐水浸泡法简便、时间短，适宜于机关、学校、食堂和家庭小批量加工。用过的盐水补加适量食盐仍可重复使用。若在盐水中加入一定的香辛料就能制成相应的风味咸蛋，如辣味咸蛋、五香咸蛋等。

操作要点：先制备与鲜鸭蛋等重的饱和盐水，即用开水按量在腌制容器中将食盐溶解，制成饱和盐水，冷却后待用；然后把原料蛋放入盐水中浸渍，再用稀竹网盖和竹片将蛋压住，不使其上浮，盐水应高出蛋面 2 ～ 3 cm；一般浸泡 20 ～ 30 d 即可成熟，气温不同，浸泡天数不同。

二、材料准备

（一）查阅咸蛋的工艺流程

咸蛋的工艺流程主要包括准备材料、清洗和干燥、腌制、存储和成熟几个步骤。

（二）查阅盐水浸泡法加工工艺

盐水浸泡法加工工艺主要包括原料蛋选择、清洗消毒、配料、腌制参数等。

（三）查阅咸蛋加工中的质量问题及措施

咸蛋加工中的质量问题主要包括变质、原料蛋污染、蛋黄不凝固等。

三、人员准备

人员分组，每组 5 人。明确职责分工。

人员分工表

任务角色	任务内容
组长：	任务：
组员 1：	任务：
组员 2：	任务：
组员 3：	任务：
组员 4：	任务：

任务实施

一、实施内容

明确要调查的项目，确定要运用的咸蛋的加工工艺，明确操作过程中的各项参数、需要使用的材料和设备、出现质量问题的应对措施等。

二、实施方法

认真思考如何才能获取更好的信息，通过哪些渠道获取信息资料，并对这些资料进行加工整理，形成可供该同学使用的方案。

三、实施流程

第一步：深入了解咸蛋的制作原理。
第二步：调查咸蛋的加工工艺。
第三步：查阅咸蛋盐水浸泡法的加工工艺。
第四步：协助该同学制作咸蛋。

任务检测

在线测试

任务评价

工作任务完成过程评价表

班级：__________ 组别：__________ 姓名：__________

项目	评分标准	自我评价	小组评价	教师评价
理论知识	（1）了解咸蛋制作的原理			
	（2）了解咸蛋加工原辅料的选择和预处理的方法			
	（3）掌握咸蛋常见质量问题的解决措施			

（续表）

项目	评分标准	自我评价	小组评价	教师评价
实操技能	（1）能够独立加工咸蛋并解决加工过程中的常见质量问题			
	（2）能够有效利用网络、图书资源查找有用的相关信息，能将查到的信息有效地运用到学习中			
	（3）积极主动与教师、同学交流，相互尊重、理解。与教师、同学间能保持多向、丰富的信息交流			
	（4）能处理好合作学习和独立思考的关系，做到有效学习。能提出有意义的问题或能发表个人见解			
思政素养	（1）能从全局上筹划相关事项或行动的具体安排			
	（2）能够细致认真地分析资料			
合计				

自我评价与总结	
教师点评	

课程思政专栏

端午节吃咸鸭蛋的习俗

端午节吃咸鸭蛋的习俗始于江南一带，在这里，端午节午餐要吃十二红，顾名思义就是十二道红颜色的菜，江苏高邮的土特产咸鸭蛋因其蛋黄鲜红，故为十二红之一，清袁枚《随原食谱》对高邮咸鸭蛋称赞有加，高邮咸蛋也因之声誉大振，越来越多的地方仿效十二红，也就有了端午节吃咸鸭蛋的习俗。

划龙舟、吃粽子是端午节标志性的习俗，而在皖西北，端午节这一天是要吃咸鸭蛋的。端午节吃的咸鸭蛋，一般是用清明前后的鸭蛋腌制的。开春以后，鸭子吃的活食多。民谚说，清明螺，肥如鹅。鸭子吃了这些营养丰富的活食，产的蛋最饱满，气室特别小，营养最好。新鲜的鸭蛋有些腥味，经过盐腌制，腥味去除了，而且营养更容易吸收。

鸭蛋性寒凉，能清肺火。泡咸以后，效果更好。咸味入肾，能充分发挥鸭蛋滋养肾阴的功效。吃点咸鸭蛋，对小孩积食、咳嗽和湿疹都有治疗作用。对于大人来说，如果是阴虚火旺体质的人，也适宜常吃，能养阴，降虚火。

在江南，端午节吃咸鸭蛋的习俗始于何时，实在无从考究。这一天，家家户户都煮上一锅咸鸭蛋，还要比谁的腌得好。如果谁吃了上乘的咸鸭蛋就会被认为是幸运者，以后的日子会心想事成。还有人家每年都会喂养一群鸭子，不为别的，就为端午节能吃上流油醇香的咸鸭蛋。细心的人，会在每天鸭子下了蛋，洗干净后，用铅笔在蛋皮上记下日期，然后放进咸坛里腌着。家里来客人了，主人就去咸坛里捞一些鸭蛋出来，作为下酒菜，那些用铅笔记下的日期就成了挑选咸蛋的依据。刚放下坛的不吃，只挑那三五个月之前腌好的，等一盘切好的咸鸭蛋油光透亮地上桌时，一定会引来啧啧的赞叹，主人就会特别自豪。

那时，除了来客人，咸鸭蛋在平时是很少吃的。所以孩子们很盼望端午，端午节一到，就可以地吃上咸鸭蛋。

端午节那天，煮熟的咸鸭蛋出了锅，孩子们就开始捡来捡去了。先找鸭蛋皮上的日期，捡最咸的挑。如果没写日期，就用手摸着判断，蛋皮粗糙的一定咸得够味，蛋皮光滑的则很可能是前几天刚刚下坛的，当然鸭蛋的大小、颜色也是可以参考的。吃鸭蛋也很有讲究，先把鸭蛋的一头凿开，用筷子一点一点地取着吃，和端午的糖三角一起吃，那真是种无比美妙的享受。吃到蛋黄部分，这个家的“幸运之星”就诞生了，那个人吃出的蛋黄一定是微微发黑，且黄油直冒的。

俗话说“要吃咸蛋粽，才把寒意送。”因为端午节预示着炎热的夏天即将来临，动植物生命活动进入旺盛阶段，再加上气候潮湿，病虫细菌活跃，容易引发众多疾病。古时，五月被视为“毒月”“恶月”，瘟疮蔓延，五月初五更是九毒之首。而蛋形如心，吃了蛋就能使心气精神不受亏损。（来源：传统文化及节日微信公众号）

【启示】中国是一个拥有悠久饮食文化的国家，不同地域的饮食文化不仅味道各异，而且融合了当地的地理、历史、民俗等多种元素。作为中国人，了解和学习中国饮食文化不仅可以增进生活品位，还可以增强对国家的认同感和文化自信。很多学生对于自己的饮食文化并不了解，甚至是深感陌生。在教育中将中国饮食文化融入课程中，以此进行思政元素的创新教学，在学习中不仅能够了解中国饮食文化的传统和特色，而且也能够通过饮食文化的学习，培养其文化自信心和国家认同感。

任务四　糟蛋加工

任务导入

糟蛋是新鲜鸭蛋（或鸡蛋）用优质糯米糟制而成的，是中国别具一格的特色传统美食，以浙江平湖糟蛋、陕州糟蛋和四川宜宾糟蛋最为著名。因为经过糟渍后，蛋壳脱落，只有一层薄膜包住蛋体，其蛋白呈乳白色，蛋黄为橘红色，味道鲜美，只要用筷或叉轻轻拨破软壳就可食用。

糟蛋是中国特有的传统美食，喜爱中国传统文化的你想要尝试自己制作糟蛋，请查阅相关资料并完成糟蛋的制作。

任务工单

班级：________　姓名：________　学号：________

任务名称	糟蛋的加工
任务描述	根据实际情况，填写本任务的内容、目的、流程和方法。 任务内容：________ 任务目的：________ 任务流程：________ 任务方法：________
获取信息	要完成任务，需要掌握相关的知识。请你搜集资料，回答以下几个问题。 （1）糟蛋制作的原理是什么？ （2）糟蛋的加工需要哪些材料？ （3）糟蛋的壳为何会变软？

（续表）

任务名称	糟蛋的加工			
获取信息	（4）酒糟在加工过程中有何作用？			
制订计划				
任务实施	按照预先制订的计划，完成本任务，并记录任务实施的过程。			
	序号	完成的任务	遇到的问题	解决办法

任务准备

一、知识准备

（一）糟蛋制作的原理

糟蛋在酒酿发酵和酒糟浸渍过程中，酿糟中含有乙醇、糖分、有机酸、氨基酸、活性酶等透过蛋壳与蛋膜渗透到鲜鸭蛋的内部，经长时间的生化反应、物质转化，使多肽、游离氨基酸、糖分、乙醇、有机酸、芳香酯等成分增多，给糟蛋带来酿香醇和的滋味及易于消化的特点，并产生特有风味，此风味融合了酿香、酒香、酯香，从而形成多种复杂的滋味。所以，食用糟蛋有回味无穷的享受和营养滋补之功效。糟蛋作为一种冷食产品，不需烹调，同时乙醇有杀菌作用，生食对人体有益无害。此外，糟蛋还可以作为品尝不同菜肴的“洗口剂”以除去口腔中原有菜肴的余味和不良口味。

（二）糟制工艺的作用

1. 能使蛋白质变性

在糟制过程中，蛋内容物与醇、酸、糖等发生一系列物理化学变化。在此过程中主要起作用的是乙醇，它既能防腐，又可使蛋白、蛋黄发生凝固变形，并使产品带有浓郁的醇香味。酒糟中的乙醇和乙酸可使蛋白和蛋黄中的蛋白质发生变性和凝固，使糟蛋蛋白呈乳白色或酱黄色的胶冻状，蛋黄呈橘红色或橘黄色的半凝固柔软状态。

2. 产生醇香味和甜味

酒糟中的乙醇和糖类（主要是葡萄糖）渗入蛋内，使糟蛋带有醇香味和轻微的甜味。

3. 产生芳香味

酒糟中的醇类和有机酸渗入蛋内后，在其长期作用下蛋内产生芳香的酯类，使糟蛋具有特殊的浓郁芳香气味。

4. 使蛋壳变软、蛋形完整

酒糟中的乙酸可使蛋壳变软，溶解脱落成软壳蛋。因为蛋壳的主要成分为碳酸钙，遇到乙酸后可反应产生易溶解的乙酸钙，所以蛋壳首先变薄、变软，后慢慢与壳内膜脱离而脱落，进而使乙醇等有机物更易渗入蛋内。壳内膜的化学成分主要是蛋白质，且其结构紧密，微量的乙酸对其不易产生破坏作用，所以壳内膜完整无损。

5. 增强防腐性和延长贮藏时间

糟蛋在糟渍过程中加入食盐，不仅可以赋予咸味，增加风味和适口性，而且可以增强防腐能力，提高贮藏性。鸭蛋在糟渍过程中，酒糟中乙醇含量较少，所用食盐也不多，所以糟蛋成熟时间长；但糟蛋在乙醇和食盐的长时间作用下（4～6个月），能抑制蛋中微生物的生长和繁殖，特别是可以杀灭沙门菌，因此可生食。

（三）糟蛋加工的原辅料

加工糟蛋的主要原辅料包括鸭蛋、糯米、酒药、食盐、酿糟水和红砂糖等。

1. 鸭蛋

加工糟蛋对鸭蛋的挑选非常严格，须经感官鉴定和灯光透视，剔除各种次蛋、劣蛋，取大弃小，选白壳弃青壳。要求1 000枚鸭蛋，总重量在65 kg以上，蛋新鲜，品质优良。

2. 糯米

糯米是酿糟的原料，它的质量直接影响酒糟的品质。因此，应精选糯米，要求米粒大小均匀、丰满、整齐，颜色应心白、腹白（中心、腹部边缘白色不透明），无异味，杂质少，含淀粉多，脂肪及蛋白质含量少，无异味。脂肪和含氮物含量高的糯米，酿制出来的酒糟质量差。

3. 酒药

酒药又称酒曲，是酿糟的菌种，内含根霉、毛霉、酵母菌及其他菌类。它们主要起发酵和糖化作用。常用的酒药有3种，即绍药、甜药和糠药。

（1）绍药有白药和黑药两种，酿糟使用白药。它是用糯米粉加入少量辣蓼草粉末及甜高粱粉末，再用辣蓼汁调制并接种陈酒药而制成的，是加工绍兴黄酒的酒药。白药酿成的酒糟色黄、香气较浓、酒精含量高、成熟时间短，但糟味较猛且带辣味，所以还须和甜药搭配，混合酿糟，以减弱酒味和辣味，增加甜味。

（2）甜药是用面粉或米粉加一丈红的茎、叶，再加入曲菌菌种而制成的。甜药色白，做成球形，用它酿成的酒糟，酒精含量低、性淡、味甜。如单用甜药酿糟，其酒精含量过低，蛋白质难以凝固，所以须同绍药配合使用酿糟，不能单独使用。

（3）糠药是用无锡白泥、甜高粱粉、辣蓼草及一丈红等制成的，酿成的酒糟味甜，酒性醇和，性能介于绍药和甜药之间。

目前加工糟蛋多将绍药和甜药混合使用，其用量应预先进行小型试验。酒药采用的种类及用量是否适当，应看制出的糟是否有适当的发酵力和糖化力，是否能使蛋白质很好地凝固。在糟制过程中糟应能防止杂菌的繁殖，糟应有一定的醇香味，又必须有一定的甜味。一般每 100 kg 糯米用绍药 165 ～ 215 g、甜药 60 ～ 100 g，但酒药用量除与质量有关外，还与发酵时的温度有关，温度高，酒药用量相对少，但在任何温度条件下，甜药的用量都应少于绍药，否则糖化力强，甜味大，制出的糟易酸败。加工平湖糟蛋酿糟选用的绍药和甜药，必须色白质松、易于捏碎，具有特殊菌香味。

4. 食盐

食用盐均可用于加工糟蛋。要求晶粒洁白均匀，咸味正常，不带苦涩味和其他异味，无可见的杂物，不潮解，氯化钠含量在 96% 以上。

5. 酿糟水

酿糟水应是无色、无味、透明的洁净水，pH 值近于中性，未检出硝酸盐、氨态氮及大肠埃希菌等，有机物含量每升不多于 5 mg，固形物含量每升不超过 100 mg。

（四）糟蛋的加工

糟蛋加工的季节性较强，一般在每年的 3 月至端午节。端午后气温渐热，不宜加工糟蛋。加工糟蛋需要掌握好 3 个环节，即酿酒制糟、选蛋击壳和装坛糟制。

1. 酿酒制糟

（1）浸米。糯米是酿酒制糟的原料，投料量以 100 枚蛋用糯米 9.0 ～ 9.5 kg 计算。将糯米淘净后放入缸内，加入冷水浸泡，使糯米吸水膨胀，便于蒸煮糊化。浸泡时间以气温 12 ℃浸泡 24 h 为宜。气温每上升 2 ℃，减少浸泡时间 1 h；气温每下降 2 ℃，延长浸泡时间 1 h。

（2）蒸饭。把浸好的糯米从缸中捞出，用冷水冲洗一次，倒入蒸桶内，铺平米面。水烧开，将蒸桶放在蒸板上，待蒸汽从桶内透过糯米上升后，用木盖盖好。10 min 左右揭开木盖，向米面上均匀地洒一点热水，以使上层米蒸涨均匀，防止上层米因水分蒸发而导致米粒水分不足、米粒不涨、出现僵饭等情况。再盖上木盖蒸 15 min，用木棒将米搅拌一次，再盖上木盖蒸 5 min，使米粒全部蒸透。蒸饭的程度以出饭率 150% 左右为宜。要求饭粒松散，无白心，透而不烂，熟而不黏。

（3）淋饭。将蒸好饭的蒸桶放于淋饭架上，用冷水浇淋使米饭冷却至 28 ～ 30 ℃，但温度不宜太低，以免影响菌种的生长和发育。

（4）拌酒药及酿糟。将淋水后的饭沥去水分，倒入缸中，撒上预先研成细末的酒药。酒药的用量以 50 kg 米出饭 75 kg 计算，需要加白药 165 ～ 215 g、甜药 60 ～ 100 g。加酒药后搅拌均匀，拍平、拍紧，表面再撒一层酒药，中间挖一直径为 30 cm 的坑，上大下小，坑穴深入缸底，坑底不要留饭，将缸体包上干草，缸口用木盖盖好，以便保温。经 20 ～ 30 h 后，就可出酒酿。当坑内酒酿有 3 ～ 4 cm 深时，应将盖撑起 12 cm 高，以降低温度，防止酒糟热伤、发红而产生苦味。待满坑时，每隔 6 h，将坑内的酒酿用勺泼在糟面上，使糟充分酿制。7 d 后，把酒糟、酒酿拌匀后灌入坛内，静置 14 d，待变化完成、性质稳定时方可供制糟蛋用。

品质优良的酒糟应色白、味香、带甜，乙醇含量为15%左右，波美度为10 °Bé左右。

2. 选蛋击壳

（1）洗蛋。根据原料蛋的要求进行选蛋，通过感官鉴定和照蛋，剔除次蛋、劣蛋和小蛋，整理后粗分等级。挑选好的蛋，在糟制前 1 ～ 2 d，逐个用板刷清洗，除去蛋壳上的污物，再用清水漂洗，然后铺于竹匾上，置通风阴凉处晾干，如有少许的水迹也可用干净毛巾擦干。

（2）击蛋破壳。击蛋破壳是平湖糟蛋加工的特有工艺，是保证糟蛋软壳的主要措施。其目的是在糟渍过程中，使醇、酸、糖等物质易于渗入蛋内，提早成熟，并使蛋壳易于脱落和蛋身膨大。击蛋时，将蛋放在左手掌上，右手拿竹片，对准蛋的纵侧，轻轻一击使蛋壳产生纵向裂纹，然后将蛋旋转半周，用竹片照样再击一下，使纵向裂纹延伸相连成一线。击蛋时用力轻重要适当，壳破而膜不破，否则不能进行后续加工。

3. 装坛糟制

（1）蒸坛。糟制前应先检查所用的坛是否有破漏，再用清水洗净后进行蒸汽消毒。消毒时，将坛底朝上，涂上石灰水，然后倒置在蒸坛用的带孔眼的木盖上，再放于锅上，加热锅里的水至沸腾，使蒸汽通过盖孔而冲入坛内进行加热杀菌。如发现坛底或坛壁有气泡或蒸汽透出，即漏坛，不能使用。待坛底石灰水蒸干时，消毒即完毕。然后把坛口朝上，使蒸汽外溢，冷却后将坛叠起，坛与坛之间用两张三丁纸衬垫，对最上面的坛，在三丁纸上用方砖压上，备用。

（2）落坛。取经过消毒的糟蛋坛，用酿制成熟的 4 kg 酒糟（底糟）铺于坛底，摊平后，将击破蛋壳的蛋放入，蛋大头朝上，插入糟内，蛋的间隙不宜过大，以蛋四周均有糟且能旋转自如为宜。第一层蛋排好后，在其上铺一层药糟，约 4 kg，再放上第二层蛋。一般第一层放 50 多枚，第二层放 60 多枚，每坛放两层共 120 枚。第二层排满后，再用 9 kg 药糟摊平盖面，然后均匀地撒上 1.6 ～ 1.8 kg 食盐。

（3）封坛。封坛的目的是防止乙醇和乙酸挥发及细菌的侵入。蛋入糟后密封，标明日期、蛋数、级别以便检验。封好的坛，每四坛一叠，坛与坛之间用三丁纸垫上，排坛要稳，防止摇动而使食盐下沉。每叠最上一层用方砖压实。

（4）成熟。糟蛋的成熟期为4.5～5.0个月，糟制后一般存放于仓库里待其成熟。应逐月抽样检查，根据成熟的情况，来判别糟蛋的品质以便控制糟蛋的质量。第一个月，蛋壳带蟹青色，击破裂缝已较明显，但蛋内容物与鲜蛋相仿。第二个月，蛋壳裂缝扩大，蛋壳与壳下膜逐渐分离，蛋黄开始凝结，蛋白仍为液体状态。第三个月，蛋壳与壳下膜完全分离，蛋黄全部凝结，蛋白开始凝结。第四个月，蛋壳与壳下膜脱开 1/3，蛋黄微红色，蛋白乳白状。第五个月，蛋壳大部分脱落，或虽有少部分附着，只要轻轻一剥即脱落，蛋白呈乳白胶冻状，蛋黄呈橘红色的半凝固状。此时蛋已糟渍成熟，可以投放市场销售。

二、材料准备

（一）查阅糟蛋的工艺流程

糟蛋的工艺流程主要包括酿酒制糟、选蛋击壳、装坛糟制等。

（二）查阅平湖糟蛋的加工工艺

平湖糟蛋的加工主要包括加工温度、拌药酒、击蛋破壳、糟制参数等。

（三）查阅糟蛋加工中的质量问题及措施

糟蛋加工中的质量问题主要包括变质、发苦、糟渍不均等。

三、人员准备

人员分组，每组 5 人。明确职责分工。

人员分工表

任务角色	任务内容
组长：	任务：
组员 1：	任务：
组员 2：	任务：
组员 3：	任务：
组员 4：	任务：

任务实施

一、实施内容

明确要调查的项目，确定要运用的糟蛋的加工工艺，明确操作过程中的各项参数、需要使用的材料和设备、出现质量问题的应对措施等。

二、实施方法

认真思考如何才能获取更有价值的信息，通过哪些渠道获取信息资料，并对这些资料进行加工整理，形成可供该同学使用的方案。

三、实施流程

第一步：深入了解糟蛋的制作原理。

第二步：调查糟蛋的加工工艺。

第三步：查阅糟蛋盐水浸泡法的加工工艺。

第四步：制作糟蛋。

任务检测

在线测试

任务评价

工作任务完成过程评价表

班级：____________　组别：____________　姓名：____________

项目	评分标准	自我评价	小组评价	教师评价
理论知识	（1）了解糟蛋制作的原理			
	（2）了解糟蛋加工原辅料的选择和预处理的方法			
	（3）掌握糟蛋常见质量问题的解决措施			
实操技能	（1）能够独立加工糟蛋并解决加工过程中的常见质量问题			
	（2）能够有效利用网络、图书资源查找有用的相关信息，能将查到的信息有效地运用到学习中			
	（3）积极主动与教师、同学交流，相互尊重、理解。与教师、同学间能保持多向、丰富的信息交流			
	（4）能处理好合作学习和独立思考的关系，做到有效学习。能提出有意义的问题或能发表个人见解			

（续表）

项目	评分标准	自我评价	小组评价	教师评价
思政素养	（1）能从全局上筹划相关事项或行动的具体安排			
	（2）能够细致认真地分析资料			
合计				
自我评价与总结				
教师点评				

课程思政专栏

天下第一蛋——平湖糟蛋

平湖软壳糟蛋各位客官可曾听说过？作为闻名国内外的平湖糟蛋，也被称为“天下第一蛋”，这个天下第一可不是随口叫的。

相传清代雍正年间某个清明，位于平湖城关西门外的徐源源糟坊（酿造糟烧土黄酒），主人家煎鱼烹肉，备船上坟祭祖。有个叫枣倌的学徒，年幼嘴馋，乘机偷藏一只鸭蛋，本打算等老板全家上船之后煮熟吃掉，谁知老板命他上船同去，枣倌在情急之中把蛋按入一缸酒糟深处。直到中秋节前老板动用那缸酒糟蒸酒，才发现了这外硬壳已碎落，似蛋非蛋却香气四溢的软壳蛋。

这是关于糟蛋来历的一个美丽动人的传说，流传甚广。平湖软壳糟蛋确是清代徐源源糟坊首创。其实在250多年前，海盐徐氏在西廊下创设作坊，见当地居民喜食糟鲤板、醉蟹、醉鲤珠等糟制食品，便试用酒糟腌制鸭蛋，几经试验，终于成功。所制糟蛋，香浓味美，别有风味，又耐久贮藏，深受顾客欢迎。

平湖糟蛋是平湖传统食品中的珍品，其制蛋要求很高。最好选用著名的江苏高邮大鸭蛋，蛋的大小用一只特制的铁丝圈来测量，漏过者就弃去不用。糟则用上等糯米发酵而成。有一整套制作工艺，含浸米、蒸饭、配药、酿酒、消毒、洗蛋、落甏等工序，从清明前后开始，将蛋浸没于糟中，蛋间保持距离，互不接触，经黄梅、三伏，到中秋节上市。在长达五个多月的糟浸过程中，醇类、糖类、氨基酸等物质渗入蛋内，使蛋黄、蛋白逐渐变为凝固状和胶冻状，同时产生具有芳香气味的脂类物质，并使蛋黄脱水、起沙、出油。有机酸还和蛋壳作用生成醋酸钙而使之脱落或基本脱落，而蛋膜不破，蛋形完整。食时，用筷或小刀挑破蛋膜，即可品尝美味，不必烧煮，十分方便。邑人有诗云：“软壳糟蛋负盛名，扑鼻酒香吸引人。羊脂白玉藏琥珀，咸甜适中席上珍。”可见，糟蛋是佐餐的上等珍品。

平湖糟蛋色香味俱佳，蛋膜包裹的蛋体独具一格；蛋白晶莹似玉，蛋黄桔红如火，醇香浓郁，回味悠长；而且营养丰富，老少皆宜，孕妇食用最佳，经常食用可开胃，助血液循环，促进人体生长发育。据检验，每 100 g 可食部分，含蛋白质、脂肪、钙、磷、铁、维生素 A 等物质，以及 18 种氨基酸。

平湖糟蛋风味独特，自古就声名鹊起。清乾隆年间被列为贡品，受皇帝赏识，赐“乾隆京牌”一道。宣统元年（1909 年）在南洋劝业会上获金牌奖，声誉大振。此后，又在英国伦敦博览会、南京品物会、巴拿马国际博览会上展出，并获奖牌。时有诗云：“买醉城西结伴行，源源佳酿远驰名。剖来糟蛋好颜色，携到京华美味评。”（来源：人文嘉禾微信公众号）

【启示】从传统民俗食品平湖糟蛋出发讲解食品加工工艺，注重融合科学加工方法，深度开发民俗食品的种类，我们在继承古人智慧的基础上，需要结合现代科学研究持续创新，增强食品品质，增加民俗食品的科技附加值，形成产业标准化和品牌化。

参考文献

贡汉坤，2018. 焙烤食品生产技术［M］. 北京：科学出版社 .
李洪军，张兰威，马美湖，2021. 畜产食品加工学［M］. 北京：中国农业大学出版社 .
李里特，江正强，2019. 焙烤食品工艺学［M］. 北京：中国轻工业出版社 .
李晓东，2011. 乳品工艺学［M］. 北京：科学出版社 .
吕银德，2012. 焙烤食品加工技术［M］. 北京：中国科学技术出版社 .
张志胜，2012. 蛋制品加工技术［M］. 北京：中国农业出版社 .